U0179057

常常生活文创编辑部 著

海峡出版发行集团 | 福建科学技术出版社
THE STRAITS PUBLISHING & DISTRIBUTING GROUP | FUJIAN SCIENCE & TECHNOLOGY PUBLISHING HOUSE

目录

派对 Party

野餐 Picnic

小酌 Drink

为什么他们都爱用木盘、砧板摆盘？

01

Nom Nom
Jimmy

隐身在热闹商圈周边的 Nom Nom 是一间以提供早餐为主的风格餐厅，虽然现已转型为全天候供餐，但在店主人 Jimmy 的心中早餐仍然是最重要的一餐。看似随兴的 Jimmy 不论对食材还是器具都很谨慎，来源不明或无法解释的东西都会让他觉得“有点怪怪的”而不敢使用，对于谨慎的坚持尽管耗时费心，但他仍然想要将心中最自然健康的料理分享给每个人。

喜爱木盘、木砧板摆盘的原因

Jimmy 的店中使用了大量的木器皿，因为他喜欢木头的质感，认为木材与食材都来自于自然，也因此盛放在木器皿上能够让客人更贴近地感受天然食物的滋味，另一方面，木食器不容易被打破，能够减少餐具的耗损也是一个重要的考量。

→食谱见第 16 页

02

美丽村工作室
施慎芳 Fan Fan

芳芳老师以多年花艺设计与小朋友的美劳教学经验，融合自然风格及创意巧思，开创出一种温柔自然的作品风格。从台南家专毕业后，她学习花艺、烘培、布作、银黏土、绘画，曾是日本 ART CLAY 银黏土设计讲师，目前为花艺教学讲师。“就从美丽村工作室开始，想把所学习到的实务经验，温柔地传递给喜爱手作的朋友”，是芳芳老师最初成立工作室的契机。

喜爱木盘、木砧板摆盘的原因

小时候住在乡下的芳芳老师，家的院子前有一棵凤凰木，她最喜欢看凤凰木夏天开出的红色花朵，这童年最美丽的回忆，使得她对大自然给予的东西有种深厚的感情，在摆盘上也联结了家和花的“缘”，让来用餐的客人们都感到幸福。

→食谱见第 22 页

03

阿尔卑斯花园／光灿庄园
魏丽燕

住在欧洲时，总是期待着周末假日宴请好友到家中做客。那时，会将餐桌依照季节或节日布置出各种不同的气氛。因为喜欢餐桌布置，探寻了许多装饰餐桌或者盛装美食的可能性，也就是在那个时候开始使用木制砧板的。把食物摆放在木制砧板上，总是有一股自然不做作的气氛，料理好像变得更美味。

喜爱木盘、木砧板摆盘的原因

在台湾也喜欢将食物盛装在木砧板上，尤其是与家人共享的时光，多了轻松自在的氛围。也因为如此，我找到来自美国的木制砧板，并且，精挑细选各种方便使用的形状，让餐桌多了变化与趣味。随着料理的形式、形状的变化，轻松摆放出更能衬托美食原始风貌的样子。

→食谱见第 28 页

04

table63.
Yun

张云媛（Yun），食谱书《英伦早午餐》的作者，也身兼脸书粉丝页“厨房旅行日记”的共笔者。目前旅居英国，专职建筑绘图，副业爬格子 *、书写与食物有关的文字，也爱拍下料理的瞬间。人生目标便是致力于将日日的餐桌风景、饮食印象、日常生活用文字与影像记录下来。

喜爱木盘、木砧板摆盘的原因

木托盘与木砧板对我们这两人小家庭来说一直是厨房里不可或缺的器物。尤其对于需要为食材摄影的我来说，托盘便于盛装各式备料的食材、方便上菜；而砧板除了用来切食材之外，当成餐盘将烹调好的料理、甜点直接端上桌更是习以为常。比起瓷器的精致感，木制器物的天然温润质感，更能将餐桌上气氛装点得温和、舒服。

→食谱见第 36、144 页

编者注：* 在有格子的稿纸上一格一格地写字，指辛勤地写作。

mountain mountain 山山的故事从外双溪的半山腰开始……咸派与甜点是他们最主要的贩售品项，山山的维莹最大的愿望是通过亲手做的料理将食材与土地之间的情感传递给每一个人，于是这份坚持与心意也成为最大的卖点，一期一会的人气品项也一定跟着产季走。为了让更多人可以品尝食物的美好，山山离开了外双溪搬到内湖，平常以网络订单为主，周末则提供现卖服务。

05

mountain mountain 山山
维莹

喜爱木盘、木砧板摆盘的原因

凡是来自大地的东西都是维莹喜爱并且珍藏的，而木材就是其中之一。山山的店铺中使用了大量的原木，从工作桌到置物架到窗框，木材所带来的温润感几乎包覆整个空间，如同置身森林小屋般，当然也少不了木制器皿与砧板。随着时间推演，这些收藏的木食器也承载了关于料理的情感与记忆。

→食谱见第 42 页

食物是能量。从土地到餐桌，从一个人到一群伙伴，知鸟咖啡想要联结起这些良善意念。寻找辛勤踏实的农家，选择有机天然的食材，做成朴实原味的甜点料理。店里有着给一家大小自在的饮食活动空间，旁边有公园，附近有学校，给大人小孩阅读画画的地方，用心做食物，关心家庭大小事，这是个关于家庭生活，厨房的乐趣、料理、创作，生活学习的分享计划。

06

hiii birdie 知鸟咖啡
宏光、小二

喜爱木盘、木砧板摆盘的原因

树木是比人类历史更久，且一直存在在地球上的物种之一，提供我们生命及生活所需。从小小的种子开始，一直到生命凋零，树木从生到死，不可思议地存在在我们的生活中，没有了树木，作为人类的我们，应该也无法存活了吧。因此，使用木器来盛装食物，是再自然不过的事。

→食谱见第 48 页

07

PS TAPAS 西班牙餐酒馆
ONE

因为从事进口酒类工作的关系，接触到西班牙的TAPAS餐酒饮食文化，于8年前将TAPAS BAR的小酒馆概念引进台湾，开了第一家店，2年前又拓展第二家店。餐厅里综合了西班牙从南到北的TAPAS，ONE每年都会亲自到西班牙学习新的料理，在过程中也不断思考台湾有哪些食材可以替代原材料又不失原味，他坚信“唯有亲手做过，才能真正深入了解”，带给大家道地又符合当地口味的TAPAS。

喜爱木盘、木砧板摆盘的原因

自己本身喜欢不修边幅的东西，而木制品就有一种原始、自然的质感，没有过度的包装，又带有温暖的感觉，使用在料理摆盘上，能营造家庭化的氛围，拉近食物与人、餐厅与人、人与人之间的距离。木摆盘的温润质地同时也让食材变成焦点，达到相互辉映的效果。

→食谱见第54页

08

JAUNE PASTEL 鹅黄色甜点厨房
Wendy、Sean

鹅黄色甜点厨房的故事是从一个柠檬塔开始的。爱吃柠檬塔的两人为了做出最好吃的柠檬塔，从寻找真食材为开端一步步迈向全素的自然饮食。从改变饮食到改变生活，现在的鹅黄色甜点厨房不只做甜点，也分享日常的料理和对生活的启发。抛弃了许多速成的便利与舒适，在都市中过着简单自在的现代嬉皮生活。

喜爱木盘、木砧板摆盘的原因

工作室里有许多老物件、旧窗框、漂流木自制的桌椅，以及旧木材改造而成的工作桌，除了家具外当然也少不了各种不同形状的木砧板。特别的是这些回收木材往往经过了一段时间的风吹日晒雨淋，能保存下来的都已转化为接近无机的状态。除了需要经过清洁之外，几乎不再需要任何的保养。不只作为摆盘，也可以直接当作砧板在上面切切剁剁，使用起来特别耐用。

→食谱见第62、108页

爱花爱杂货爱舍旧物爱跳蚤市集，2006 年张小珊出版了《自然风杂货生活》一书后令许多手作杂货迷惊艳及期待小珊能开一间相关的杂货铺，来分享她的生活及布置的点子，为了找寻一间“可以传达自己想法的咖啡店”，小珊选了一间四面有着通透玻璃的屋子，将空间巧妙划分出工作区块从事美术相关工作，另一边打造成咖啡馆，目前下午茶时光采取预约方式。

09

小珊手帖／黑猫工作室
Le Chat Noir
张小珊

喜爱木盘、木砧板摆盘的原因

小珊喜爱木盘本身温暖、质朴、耐用且耐看的特点，喜欢自己烹调简单自然的食物，而使用自然材质的容器来盛装自然的食物是最恰当的。小珊也很向往能住在欧洲的小木屋里生活，现实虽然不能入住在木造房子里，但在平常的生活中能够拥有并使用原木的杂货布置家里或盛装食物，也让人感觉幸福满满。

→食谱见第 74 页

妙家庭厨房于 2008 年创立，创办人 Miao 致力于追求美好的味觉感受，除了通过自创品牌纯手工制作的果酱、咸酱和零嘴等产品传递对食物的想法之外，平常则从事食物企划的工作。偶尔也通过不同形式的活动分享与美食相关的经历，并且不定期参与相关的展览策划。不论是何种身份或形式，Miao 一路走来都坚持用传统、单纯的方式诠释食材的本质与生命。

10

妙家庭厨房
Miao

喜爱木盘、木砧板摆盘的原因

每天切切、拌拌又煮煮，在厨房里待上一整天，与食材、器皿为伍，就是 Miao 生活的样貌，而木砧板则是厨房里一个自然存在的品项，就像其他的杯碗瓢盆一样，不但搜集了不少也使用得频繁，早就已经是生活中不可切割的一部分了。

→食谱见第 80 页

11

Look Luke
Willie & Luke

Look Luke 是一家风格清新又温暖的甜点工作室，以网络贩售为主。工作室由两位大男生所组成，Willie 负责甜点研发与视觉风格定位，Luke 则是一位资深的咖啡好手，两人搭配得宜。虽然甜点是目前的核心商品，但对两人来说，Look Luke 想要带给大家的不只是好味道的蛋糕，更希望通过亲手制作的甜点传递善意，以及一种有温度的生活方式。

喜爱木盘、木砧板摆盘的原因

木质调的器具有一种暖男的温柔，恬静又舒服，没有锐利的棱角反光，与其他器物相碰时，也不会发出尖锐的扰人声响，反而像个男低音似的提醒你："我就在这里，请好好使用我吧！"Look Luke 原先就喜爱收集器物，也会在旅行中带回一些喜爱的物件。甜点工作室开始营运之后这些收藏都派上了用场。

→食谱见第 84 页

12

哈利的日常・生活滋味。
哈利

哈利是两个孩子的妈，喜欢拍照、喜欢美食，从制作超可爱的便当开始经营粉丝团并受到关注。随着孩子的成长哈利将日常生活的点点滴滴记录下来。亲切温暖的风格受到许多粉丝的喜爱，当小孩渐渐长大后，哈利生活的样貌也开始转变，但唯一不变的是对孩子与生活的热情。

喜爱木盘、木砧板摆盘的原因

平常就喜欢搜集物件并且利用它们来布置生活与餐桌场景的哈利一向喜欢木质调质感，有了孩子之后所收藏的木制器皿与餐盘理所当然地沿用。渐渐发现了利用木质餐盘盛盘能让料理更接近孩子们，也不用小心翼翼地担心打破的问题，无形中让餐桌氛围更温暖，也解决了妈妈的难题。

→食谱见第 90、130 页

13

NC5 STUDIO
Nancy

Nancy 是个懂得享受生活的职业妇女，已是二宝妈的她，兼顾家庭与工作，笑称自己闲不下来，在忙碌中仍然把生活过得有滋有味。原先从事红酒贸易的工作，发现客人对于酒如何搭餐经常有很大的困扰，加上自己非常喜爱料理，因此开设了 NC5 STUDIO 料理教室与大家分享料理的心得。对 Nancy 来说美食与红酒都是生活中的享受，从她优雅的料理步调中可以完全感受到下厨的愉悦与幸福。

喜爱木盘、木砧板摆盘的原因

对外国人来说，木砧板出现在餐桌摆设上是非常普遍的，不管是分食或是隔热都很好用，因此使用木砧板对 Nancy 来说是一件非常自然的事情，后来她看到了朋友所制作的 LEE WOODS，第一眼就被细致的质感所吸引，在使用上也很安心，从此木砧板便成为她家中与料理教室出现最频繁的物件。

→食谱见第 100 页

14

真食・手作
Vicky

从一开始为了女儿的健康开始做料理，严格把关食材来源，买不到新鲜香草做酱料就自己种植香草，后来因为一场慈善园游会义卖让 Vicky 的手作青酱大受好评，她开始在网络贩售手工果酱，取名“真食・手作"有“吃进食物真实味道”的用意。一年多前 Vicky 成立实体餐厅，以友善耕种的食材料理，继续分享健康无添加、真实而健康的饮食理念。

喜爱木盘、木砧板摆盘的原因

“真食・手作”店主人 Vicky 钟爱木盘很原始的质感，可以让料理在摆盘的视觉上更有温度。Vicky 在自家有一个香草花园，她笑说每次走进花园都可以激发她创作新料理的灵感，而木盘、木砧板很适合用来搭配她喜爱的香草植物，同样都是自然系风格，也很能互相呼应。Vicky 会视料理最后呈现的分量大小，来挑选尺寸适合的木盘砧板。

→食谱见第 116 页

15

NC5 STUDIO

Eason

玩味厨男 Eason 平时担任健康网站的行政主厨，负责食谱研发，同时也是一个十足热爱生活的人，对健康的追求不遗余力，把料理和运动视为生活中最重要的两件事，经常受邀担任料理老师，同时也是游泳教练，总是不厌其烦地像个传道者一般乐于将运动与料理的心得分享给大家。

喜爱木盘、木砧板摆盘的原因

从 18 岁开始接触料理的 Eason 认为料理虽然值得被当作一门学科去深入钻研，但对他而言，比起严谨的料理方式，更有趣的是能够以玩乐的心情去做菜，在料理的世界中无拘无束，体验味蕾之间的惊喜和奔放，而木砧板便是一个与玩乐精神相当符合的媒介，没有制式的形式与边界，无形之间缩短了人与人以及人与料理之间的距离。

→食谱见第 124 页

16

日常生活 a day

Ovan

位于松烟商圈的“日常生活 a day”不只是咖啡厅，除了提供餐饮，也规划了展览空间和选物店。这间复合式小店展现店主人 Ovan 对于理想日常生活的投射，“这里有好吃的食物、好逛的空间”。他笑说：“我们就是和大家分享自己喜欢的事物。”所以，聊天嗑牙、搭配小酌的宵夜，Ovan 也喜欢以“分享”的概念呈现一口口享用的小食。乐于尝试各种可能的他强调，只有不停地在日常里体验，才能找出自己喜欢的生活样貌。

喜爱木盘、木砧板摆盘的原因

Ovan 他喜欢材质自然、质感温润的用品，而木盘、木砧板就很符合，“木头材质和各种食材、料理的融合性都很强，无论是吃的、喝的甚至只是单纯作为装饰用的摆盘都很适合，可以在日常生活里广泛运用”。保养起来也不会太麻烦，当质地看起来太干时，重新上食用油保养即可。

→食谱见第 138 页

就算一个人在家也很可以吃得很快乐很有味，当然小食乐宅料理工作室的服务不限于一个人。主厨Victor从事美商营养顾问10年，曾担任李安少年派首映会及庆功宴的晚餐主厨，著有《冰箱有什么煮什么》一书。擅长料理异国家乡菜，近年提供私宅外烩及商业外烩等服务。不想一个人吃饭？私宅料理预约中！

17

小食乐宅料理工作室
Victor

喜爱木盘、木砧板摆盘的原因

取自于大自然的木头，不过于正式，却能自在运用，搭配手感的温度，很适合喜欢户外休闲活动及享受生活的自己。

→食谱见第150页

以贴近生活的各式木器及织品为创作主轴，主题多以树木、植物及果实等造型为发想，并加以简化而便于日常使用。作品线条多圆润流畅，以多变且极致的工艺技法，呈现作品最好的模样。创作材料多以大自然的素材为主，希望物品在不被使用后也能完美地回归地球。未来仍会持续从事编织及木作的教学推广，以多面向的木质创作与大家分享。

18

木质线
贵生 & 鱼丸

喜爱木盘、木砧板摆盘的原因

以木头为主要创作素材，无非是它在色泽、纹理及香气上，总有惊奇无穷的变化。他们开始木质线的作品贩售及教学后，创作出了许多木食器，像是木砧板、木碟、端盘，以及木匙等。让木头这样舒适美好的材质，成为更多人日常生活中的实用器物，同时自身再从使用木食器的生活细节中，激发出更多创作的想法，是木作之于他们永不退烧的理由。

→专题见第32、114、134页

好梦号烘蛋面包船
第 18 页

缤纷水果盘

凤梨番茄汁

油醋生菜沙拉
第 20 页

牛肝菌菇浓汤
第 21 页

Brunch Table

01

共享双人早餐，交换好梦时光

早餐唤醒了一天的开始，提供了满满的能量。
能与心爱的人一起分享早餐时光，在餐桌上交换彼此的好梦，
更是一天当中最美的事。

• 文字：Irene • 摄影：Evan • 食物造型：Jimmy

Jimmy 的木摆盘技巧

tips 1

用深浅木色，丰富层次

双人早餐选择深长条形木砧板盛放重点料理，以深浅不同的木色增加桌面层次。因餐桌面积有限，长条形砧板能保留较多空间，不会太过拥挤。

tips 2

可以吃的才摆上桌，避免凌乱

尽量减少不必要的装饰，“餐盘里的每样东西都是可以吃的”是Nom Nom 摆盘的主要概念。

tips 3

以白色亚麻布品衬托主角

以白色亚麻桌巾衬底，增加自然柔软的调性，搭配其他材质小物件显现出料理的色彩缤纷与丰盛。

木盘 / 砧板选用

店内所使用的木食器从挑选木材开始都是由 Jimmy 亲手完成的，从裸木状态切割、打磨直到可以使用至少需要花费 4 小时，因此 Nom Nom 的每一块木砧板都是独一无二的。

Jimmy Wood 胡桃木砧板

(长)40cm x(宽)18cm x(厚)1.2cm / 胡桃木

Jimmy Wood 白橡木砧板

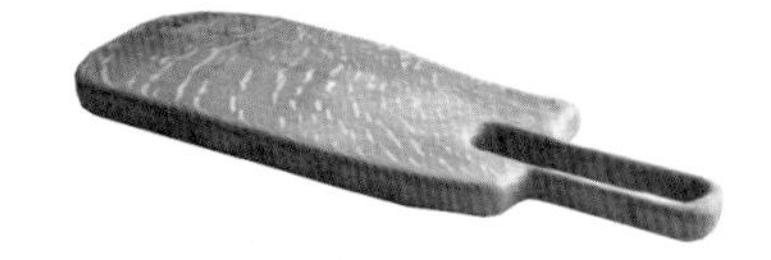

(长)38cm x(宽)15cm x(厚)1.2cm / 白橡木

[餐桌置物 | Jimmy Wood 胡桃木砧板、Jimmy Wood 白橡木砧板、Jimmy Wood 木碗、白色亚麻桌巾、琉球手工哨子透明玻璃杯、自制手工陶制小皿、立蛋杯]

好梦号烘蛋面包船

看似复杂的烘蛋面包船是Jimmy自己常吃的食物之一，所利用到的食材都是身边随手可得的，做法简单，不管是面包或是馅料都能依据喜好自由搭配，不但超有饱足感，各种营养也都能均衡获得。

a

b

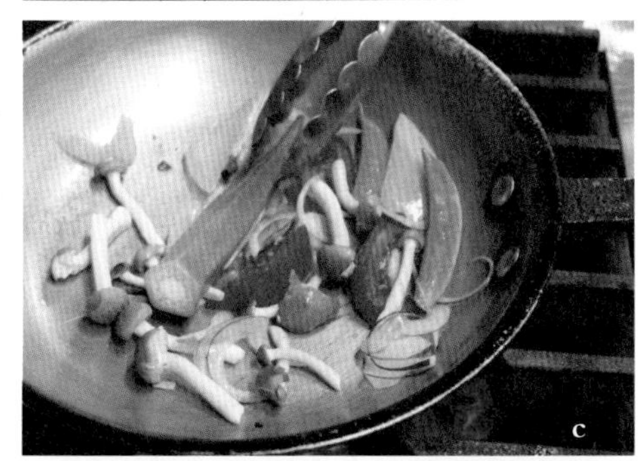
c

d

e

[材料]（2 人份）

软面包 … 2 个

Ⓐ
- 蛋 … 4 个
- 淡奶油 … 60g
- 盐 … 3g
- 胡椒 … 2g

Ⓑ
- 培根 … 2 片
- 秋葵 … 2 支
- 番茄 … 4 瓣
- 红、黄甜椒 … 各 4 小片
- 黑橄榄 … 少许
- 洋葱 … 少许

[做法]

1. 先将面包顶切开，挖空面包心。**a**
2. 制作蛋液，将材料 **A** 均匀打散。**b**
3. 材料 **B** 以小火拌炒。**c**
4. 将 2/3 蛋液缓缓倒入面包船后放入 3，再倒入剩余 1/3 蛋液。**d**
5. 加热。可放入微波炉中，盖上微波盖，以中温加热，每次先设定一分钟观察，视状况增加加热时间，总微波时间不超过 5 分钟；也可放入烤箱中，包上铝箔纸以 150℃上火加热，烘烤时间约 8 分钟。**e**

Point

加热之前把面包喷湿能让口感更加松软。软面包可以用厚片吐司替代，也可自由加入自己喜欢的食材馅料。挖空的面包心不要丢掉，可以拿来做浓汤。

油醋生菜沙拉

[材料]

红叶生菜 … 60g
绿叶生菜 … 40g
莴苣 … 20g
紫甘蓝 … 4 片
玉米笋 … 2 个

油醋酱

巴萨米克醋 * … 20ml
初榨橄榄油 … 30ml
糖 … 8g
盐 … 2g
胡椒 … 2g

[做法]

1. 生菜洗净备用。
2. 制作油醋酱：将糖与盐加入巴萨米克醋中，搅拌至颗粒溶解。初榨橄榄油分次少量地加入调味过的醋液中，搅拌至乳化即可。

Point

挑选至少 3 种以上不同的蔬菜就能营造出丰盛的视觉效果，大片叶子与细叶的比例约 8:2，能有色彩的变化会更好。

编者注：* 葡萄酿造，果味浓郁，口感酸中微甜。

牛肝菌菇浓汤

[材料]

面包心 … 100 g
高汤 … 200 g
牛肝菌菇 … 5 片
牛肝菌菇水 … 300 g

A
糖 … 10 g
盐 … 2 g
胡椒 … 1 g

淡奶油 … 50 g

[做法]

1. 牛肝菌菇先泡水，切丁炒熟。
2. 在 1 中加入面包丁，以高汤及牛肝菌菇水煮沸。
3. 以搅拌器或果汁机打碎，加入材料 **A**。
4. 加入打发的淡奶油。

Point

加入面包能让浓汤的口感更加浓稠，这里所使用到的面包心是面包船挖空的剩料，让每一个食材都能妥善利用不浪费。

牛肉芝麻叶佐红酒醋
第 26 页
马铃薯香菇鸡肉派
第 24 页
黄油煎竹笋
第 27 页
橙香磅蛋糕
第 27 页
芦笋卷培根

Brunch Table 02

花艺职人的幸福私房早午餐

拥有日本 AUBE 不凋花及 MAMI FLOWER 花艺设计讲师资历的芳芳老师，经常吸引许多学生慕名前来，学习花束或干燥花圈的手作课程。除了爱花爱草，芳芳老师也爱料理，偶尔也会用自己制作的蛋糕点心款待学生，令人感到暖心。

• 文字：黑兔兔 • 摄影：Evan • 食物造型：施慎芳

芳芳老师的木摆盘技巧

tips ①

使用具有手感的手作物品

木盘可以是长长方方的；也可以是不规则造型，喜欢手作的芳芳老师对于具有手感的木盘有一种亲切感，因为它虽然歪扭却能够让人开心地用餐。

tips ②

适度搭配陶器×铸铁等器皿

餐桌上如果全部都使用木盘来盛装食物，反而会让桌面显得单调，试着搭配一些手作的陶盘或铸铁盘等多元材质的装盘器皿，让画面丰富些。

tips ③

用美丽的花朵装点

工作室里有满室的新鲜花朵，除了餐桌上的美味餐点外，空间的花草摆饰，让用餐的人感受到心灵上的富足及疗愈。

木盘／砧板选用

橄榄木砧板

旅行时带回的木砧板，有时也会把它当作切菜板来使用，处理到有肉类油脂的食物时，其油脂刚好也可以成为保养砧板的保养油。

(长)30cm×(宽)15cm×(厚)1.6cm ／橄榄木

原木砧板

从日本道具街合羽桥购买回来的，平日只需涂上食用的橄榄油保养并保持干燥，适合盛放下午茶单片或两份大小适中的蛋糕。

(长)29cm×(宽)12cm×(厚)1.5cm ／天然原木

长形木砧板

长条形又带点沟槽设计的木砧板，适合盛放圆造型或易滚动的食物，浅色系的砧板放上任何食材都能成为餐桌上的亮点。

(长)35cm×(宽)10cm×(厚)1.5cm ／天然原木

[餐桌置物 | 橄榄木砧板、手作木板、手感陶盘、日本带回的天然蓝染布桌垫、亚麻布桌垫、小烛杯]

马铃薯香菇鸡肉派

多年前，芳芳老师曾经在天母的小巷弄里开了一家下午茶店取名叫“美丽村”，这是一家聚集自己喜欢的东西，既像餐厅又像客厅，可以招待客人饱餐一顿的地方。这道马铃薯鸡肉派深受老朋友的喜爱，马铃薯烤后酥酥的口感当衬底，一口咬下的香菇香，可当正式餐点又可当下午茶，对于喜欢咸食又不想吃太饱的时刻，这道有着满满鸡肉香气的点心，正是适合。

[材料]（2 人份）

马铃薯 ··· 1 颗
面粉 ··· 1 大匙 *
黄油 ··· 10g
蛋 ··· 4 颗
牛奶 ··· 150ml
芝士碎 ··· 50g

馅料

香菇 ··· 4 朵
鸡胸肉 ··· 1/2 片
欧芹 ··· 2 支
红葱头 ··· 2 颗
盐 ··· 1 小匙 *
橄榄油 ··· 1 大匙 *

编者注：* 一大匙 =15ml，一小匙 =5ml。

[做法]

1. 将马铃薯刨丝，加入面粉和黄油搅拌均匀，并在烤模上涂上黄油，把马铃薯放在烤模里铺好压紧，放入烤箱以 180℃烤 25 分钟，将马铃薯烤熟。**a**
2. 制作馅料：香菇切丝、鸡肉切丁、欧芹切碎，用橄榄油炒香菇，炒香后放入红葱头爆香，再加入鸡胸肉、放入欧芹碎。**b**
3. 把蛋打匀，加入牛奶、芝士碎。**c**
4. 把馅料平均地放入烤模里，填入蛋液、撒上芝士碎，放入烤箱以 180℃烤 20 分钟，完成后撒上欧芹碎。**d**

a

b

c

d

牛肉芝麻叶佐红酒醋

[材料]

芝麻叶 … 50g
牛肉 … 100g
橄榄油 … 1大匙
面包丁 … 少许
红酒醋 … 1小匙
盐 … 1小撮
奶酪片 … 少许

[做法]

1. 牛肉用橄榄油煎至四面上色，用铝箔纸包起来，放凉切片备用。
2. 红酒醋加橄榄油拌匀，在芝麻叶上撒上少许盐巴。
3. 将牛肉铺在芝麻叶上，淋上2，刨一些奶酪片再放上一些烤过的面包丁即可。

Point

牛肉煎至上色后，用铝箔纸再加一块布将牛肉焖熟，待肉质变为淡粉色时最为可口。

黄油煎竹笋

[材料]

竹笋（中型）… 2 根
紫苏叶 … 2 片
黄油 … 1 小块
酱油、橄榄油 … 各少许

[做法]

1. 竹笋蒸熟对半切开并切片。
2. 平底锅放入橄榄油，将竹笋煎到双面上色，加入一小块黄油。
3. 淋上酱油，撒上紫苏叶。

橙香磅蛋糕

[材料]

鸡蛋 … 3 颗　　无盐黄油 … 80g
糖 … 80g　　低筋面粉 … 100g
糖渍柳橙丁 … 少许

[准备动作]

柳橙丁先放在水果酒里泡一晚上备用。

[做法]

1. 烤箱先预热，蛋和糖打匀后加入熔化的黄油拌匀。
2. 将 1 的黄油糊放入低筋面粉中拌匀，加入糖渍柳橙丁。
3. 放进烤箱以 160℃烤 45 分钟。

Point

先在放了一晚的水果酒柳橙丁中加入少许的面粉，放在步骤2时才不会沉淀在蛋糕底部。

普罗旺斯炖菜
第 30 页
炖菜香烤面包
第 31 页
乡村烤马铃薯
柠檬黄李子派
第 31 页

Brunch Table

03

如普罗旺斯阳光般的周末餐桌

周末的餐桌，是我们一家人共享美好周末的开始。一周五天的早晨，家里的每一位成员总是在忙碌中渡过，直到周末才真正放轻松，全家人一起享用日光早午餐。这么美好的一餐，当然值得费心安排。

• 文、摄影、食物造型：魏丽燕

魏丽燕的的木摆盘技巧

tips 1
把法国乡村风格展现在料理与器皿上

选用带着粗犷风格的法国陶器来盛装普罗旺斯炖菜。温暖色调的手作陶器，把美味料理衬托得更加令人食指大动。

tips 2
餐桌上各种形状的木制砧板

各式风味的料理，通过长形、圆形、银杏叶形、桨形等不同形状的砧板盛装，更能展现出轻松的餐桌画面。

tips 3
运用颜色大胆的亚麻桌巾

将平日使用的亚麻色、白色桌巾收起来，周末就是要带着满满的热情与活力，让餐桌上的话题更加热络。

木盘／砧板选用

银杏叶砧板

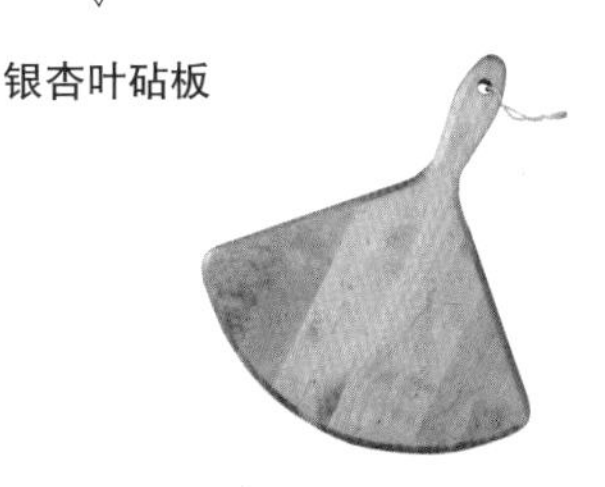

特殊的银杏叶造型，适合用来盛装前菜、冷盘等。木头是活的，只要适时使用矿物保养油擦拭，就可以确保木质越来越漂亮，且具有防虫效果。

(长)42.5cm×(宽)37.5cm×(厚)1.5cm ／美国枫木

桨形砧板

采用美国枫木制作，硬度佳、耐磨又耐用，稍微大一点的尺寸，方便使用；盛装一整个派、比萨，或是主菜，可以呈现出更自然、可口的感觉。

(长)45cm×(宽)29cm×(厚)1.5cm ／美国枫木

[**餐桌置物** | 光灿庄园葡萄酒红色亚麻桌巾(180cm×140cm)、法国乡村陶器、长形砧板、圆形砧板、杏叶砧板、桨形砧板]

普罗旺斯炖菜

[材料]

A
- 洋葱 … 2 个
- 大蒜 … 3 瓣
- 鳀鱼 … 少许

B
- 日本茄子 … 3 个
- 红、黄甜椒 … 各 2 颗
- 洋菇 … 8 朵
- 鹰嘴豆… 400g

- 小马铃薯 … 6 个
- 小胡萝卜 … 2 根
- 番茄 … 5 个
- 橄榄油 … 适量
- 番茄糊 … 200g
- 月桂叶（香叶） … 少许
- 迷迭香 … 少许
- 甜茴香 … 少许
- 意大利香芹 … 少许
- 黑胡椒、盐、糖 … 适量

[做法]

1. 将所有材料洗干净后，切成适当形状。大蒜瓣切片，备用。
2. 炖锅内加入橄榄油和材料 **A**，加些研磨胡椒，慢火炒至洋葱上色变软，再加入马铃薯、胡萝卜拌炒，盖上锅盖稍微焖煮。
3. 打开锅盖加入材料 **B**，继续拌炒后，再加入新鲜香草，盖上锅盖稍微焖煮。
4. 蔬菜焖煮后开始变软，这时加入番茄糊，稍微翻搅一下锅内食材，让他们都能被番茄糊覆盖到，也可以加入一些水，继续炖煮。
5. 炖煮约 20 分钟后，试试味道。可以加一匙糖和些许盐提味。最后在上桌前淋上特级橄榄油，撒上意大利香芹。

Point

除了选择新鲜的蔬菜外，我喜欢加入口味较重的鳀鱼，它能使这道料理的口感与层次更丰厚。

炖菜香烤面包

[材料]

普罗旺斯炖菜 … 适量
法国面包 … 1 条
焗烤用芝士碎 … 100g

[做法]

1. 法国面包圆切成约 1.5cm 厚度。
   再将炖好的菜以适当的量铺在面包上。
2. 将焗烤用芝士碎铺在炖菜上。
3. 放进烤箱以 180℃烤约 15 分钟。

柠檬黄李子派

[材料]

黄李子 … 约 16 颗
市售派皮 … 1 张
杏桃果酱、黄油 … 各少许

Point

苹果、樱桃、蓝莓、李子等都是适合制派的水果。切记，不要选择水分含量太多的水果。

[做法]

1. 黄李子对切、去籽，备用。
2. 派皮平铺在烤盘上，将黄油切成薄片，平均放置在派皮上。
3. 铺上一层杏桃果酱后，再将对切的黄李子平均铺在派皮上。
4. 放进烤箱以 200℃烤约 35 分钟。

专题
01

常见的木盘或砧板木种 10

一般常见用来作为木盘或砧板的木种大致分为两种：一为商业用材，是市面上易取得，价格适宜的木种；还有一些为特殊木种，近几年来越来越受到欢迎，可依其特性运用于不同的生活场景。

• 文字：刘薰宁 • 摄影：Evan • 资料提供：木质线

01

台湾桧木

产地：中国台湾／硬度：★★

世界珍奇的四大树种之一，生长速度极为缓慢，大约十年才长出一厘米，经过千年的轮转而成为珍贵稀少的树材，目前已是禁伐树种，来源仅剩回收的旧家具、漂流木及建筑拆除之剩料。本身有着特殊怀旧、令人放松的香气，其精油含量高、不易发霉的特性，适合作为砧板使用，缺点是需使用一段时间才能消除其特殊气味。

02

非洲柚木

产地：非洲／硬度：★★★★

木材学名为大美木豆，颜色为棕黄色，硬度高，使其刻纹较美及光滑，但制作时较为费力。油脂少但结构细且均匀，能防腐防虫，坚毅耐用。

03

枫木

产地：美国／硬度：★★★

产枫糖浆的树，纹路雅致、纤维极细，若在生长时弯曲，会自然生成有趣的波浪曲线。表面光滑易被刨得光亮是其特色。碰到水不易变毛糙，适合作为木盘使用。

04

白腊木

产地：美国／硬度：★★★

毛细孔较大，干燥性能差，若没有妥善处理易开裂变形、发霉等。春秋材的纹路明显，木结构粗大、密度高，耐重且有大器之感，常被作为家具使用。

05

缅甸花梨

产地：缅甸／硬度：★★★★

又称香花梨，有着自然的檀香味，新鲜切面易出现白色结晶而可看出其精油含量丰厚。木纹细腻，使用历史悠久，颜色多为低调自然的橘红及暗红色，与红酸枝相比，较不艳丽，可与食物相衬。

06

山毛榉

产地：欧洲／硬度：★★★★

在北半球分布广泛，有着悠久的使用历史。纤维杂细的分布，不适合手刻，刻痕较易产生不光滑的毛边。纹路宽，在细微处有着像雨滴般的木质线，成了可爱的特色，常作为装饰用木或家具使用。

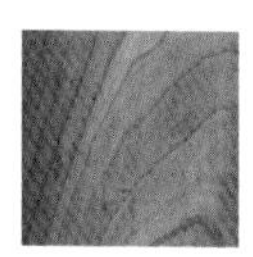

07

樱桃木

产地：非洲／硬度：★★★

木材为淡红色至棕色，纹理通直且木质均匀。特色与胡桃木相近，较无香气，同样适合作为餐具使用。软硬度适中，弯曲性好，易于使用手工及器材加工。

08

胡桃木

产地：美国／硬度：★★★

木头本身的气味较淡，纹路宽，软硬度适中，雕出来的刻纹明显，因此常作为木盘及砧板使用。也因为自然原色为深黑色，相较于原色为白色的木头而言较为少见，可用来做成家具，让整体居家氛围更为沉稳。

09

日本桧木

产地：日本／硬度：★★

日本的商业林种，有着清晰的淡雅柠檬香味。油脂丰富不易发霉，米白相间的纹路是其特色。质地松软，适合做砧板，在日本常用来盛装生鱼片，因为硬度较软，不适合凿刻为盘子。

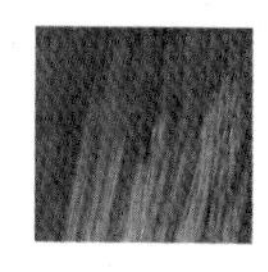

10

缅甸柚木

产地：缅甸／硬度：★★★

油脂丰厚分布均匀而耐海水侵蚀，在十五至十八世纪时常作为远洋大帆船的内装材料。生长时易包覆沙粒而使其质感粗糙，在加工时要注意钝刀的可能。

甜豌豆
玉米浓汤
第 41 页
蒜味番茄面包
第 40 页
四季豆鸭胸温沙拉
第 38 页
抹茶草莓酸奶布丁杯
第 40 页

Lunch Table

04

二手木再利用，托起饱足的舒心料理

相对于丰盛的早餐及让人感到疗愈的晚餐，午餐时刻似乎总容易让人忽略。但一份舒心又让人饱足的午饭，就像是一天之中重要的补给时刻，能带来满满的能量！

• 文字、摄影、食物造型：张云媛 YUN

张云媛的木摆盘技巧

tips 1
避免汤水及高温

木制食器表面大多有天然涂层，但为了食用安全，应尽量避免盛装高温的汤汁。

tips 2
自制手工托盘

运用自然色系的木相框，在相框表面裱上自己喜爱的布织品，便是个好看的木托盘。且可依照餐桌主题随时更换为适合的色系、花色，是个创造性及变化性十足的小单品。

tips 3
以托盘及织品营造层次

在大托盘上放上小托盘所盛装的食器，再铺上一块浅色蕾丝餐巾。在餐桌上以不过分抢眼的小单品，堆叠出餐桌空间中的层次感。但仍需注意的是风格及色系不可过于杂乱。

木盘 / 砧板选用

二手木手工托盘

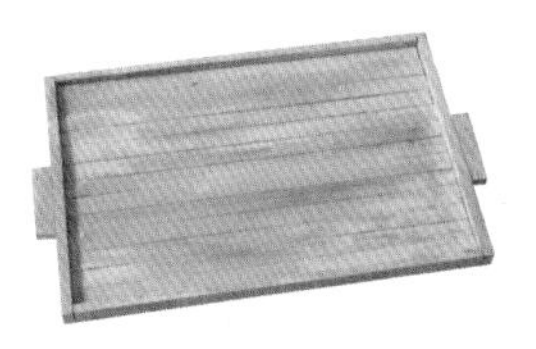

运用二手的松木层板架制成，浅色松木容易加工，可选用无毒环保的木头漆，加工成自己喜欢的颜色。但仍应避免食物直接碰触漆面。 把手部分亦可选用五金材质的把手，别有一番风情。

(长)35cm×(宽)54cm×(厚)2.5cm ／松木

SADOMAIN 洋槐长方形木盘

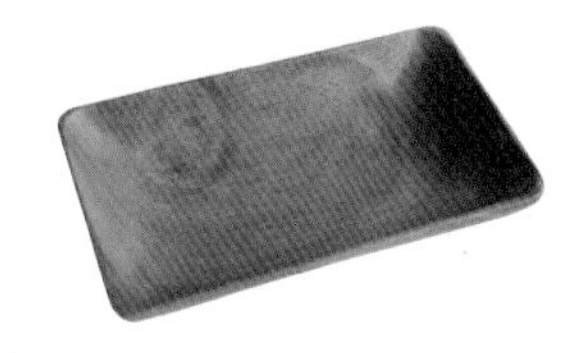

深色洋槐木制成的长盘，木纹粗犷带有个性。因为稍带有深度，用来盛装稍带有汁液的沙拉、甜品都很适合。但需注意因表面为天然生漆涂装，不宜盛装超过60℃的液体。平时使用则是建议清洗后立即擦拭水分，自然风干即可。

(长)20.3cm×(宽)12.7cm×(厚)3.8cm ／洋槐木

餐桌置物 | DANSK 牛奶锅、FALCON 深盘、IKEA IVRIG 水杯、IKEA 木质相框、SADOMAIN 长方形深皿、白瓷小型研磨钵、白瓷酱油碟

四季豆鸭胸温沙拉

带有甜咸及姜汁风味的鸭肉配上蔬食，开胃的同时又让你摄取了足够的蔬食，兼顾了饱足及轻食的午餐需求。也由于不带有酱汁，即使不是现做现吃，也是道很适合作为冷食便当的料理菜色！

[材料]

四季豆 … 约 100g
带皮鸭胸 … 1 块
盐…适量
A
姜末 … 1 小匙
大蒜（蒜末）… 1 瓣
蜂蜜… 2 大匙
酱油 … 1 大匙
平菇（或其他菇类）
…约 8 朵

[做法]

1. 烤箱预热至 180℃。
2. 准备一个小汤锅，煮一锅加了些许盐的沸水，将四季豆放入沸水中氽烫 30 秒。接着快速将四季豆取出过冷水，沥干备用。**a**
3. 在鸭胸带皮的这一面划几刀，并撒上盐调味。在小碗中将材料 **A** 混合均匀。**b**
4. 取一个可以放入烤箱的平底煎锅，锅热后放入鸭胸。鸭皮面朝下，煎 4 分钟至鸭皮微酥。**c**
5. 接着淋上混合好的调味料，送入烤箱烤 8~10 分钟。**d**
6. 取出鸭胸后，先静置约 5 分钟再切成薄片。**e** 原平底锅加入平菇，以中小火油煎。煎至平菇表面稍微上色即可。将鸭胸、四季豆及平菇一同盛盘即可。**f**

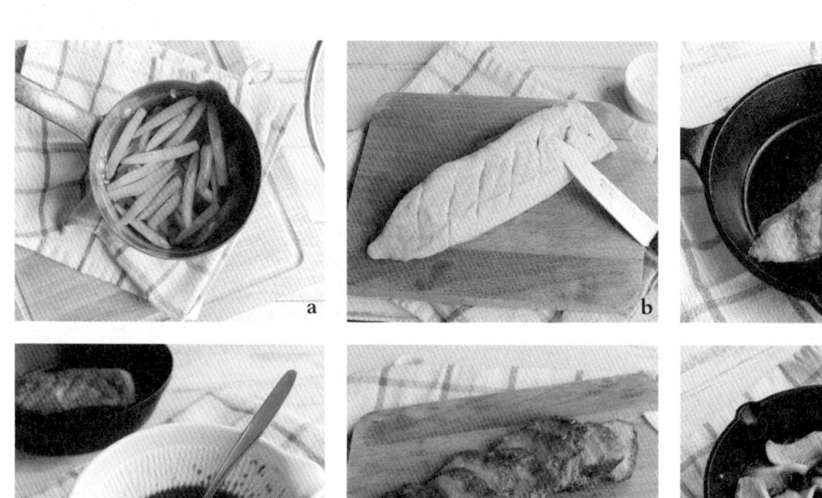
a b c d e

f

蒜味番茄面包

[材料]

番茄 … 1 颗
大蒜 … 1~2 瓣
法式长棍面包 … 1 条
橄榄油 … 1 小匙
海盐 … 适量

[做法]

1. 将番茄对半切开，切面朝下，以磨泥器将番茄磨成泥。（番茄皮舍弃）
2. 将棍子面包切片，放进烤箱中烤至微酥。
3. 大蒜去皮后对半切开，以大蒜切面磨擦面包表面。
4. 接着在面包上涂抹上番茄泥，淋上些许橄榄油及海盐便完成。

抹茶草莓酸奶布丁杯

[材料]

草莓 … 10 颗
希腊酸奶 … 1/4 杯*（约 60ml）
打发的淡奶油 … 1/4 杯
抹茶粉 … 1 小匙

编者注：* 一杯约为 240ml。

[做法]

1. 将草莓洗净沥干后对半切开。
2. 在大碗中打发淡奶油，搅打至提起搅拌器，淡奶油能呈现尖角而不滴落的状态。接着拌入酸奶和抹茶粉，搅拌均匀。
3. 在小碗中铺上草莓，淋上酸奶糊后撒上抹茶粉装饰。

甜豌豆玉米浓汤

[材料]

黄油 … 30g
洋葱 … 1 颗
大蒜 … 1 瓣
玉米粒 … 200g
高汤或水 … 300ml
盐及黑胡椒 … 适量
冷冻豌豆 … 1/2 杯 *

编者注：* 一杯约为 240ml。

[做法]

1. 在一个深汤锅中加入黄油，开中火。黄油熔化后加入洋葱丁及大蒜，慢慢翻炒至食材熟软并稍微呈现焦糖色。
2. 加入玉米粒稍微拌炒，接着加入高汤或水，汤煮滚后熬煮约 10 分钟，以盐及黑胡椒调味。
3. 玉米汤稍微放凉后以手持搅拌棒或果汁机搅打成浓汤状。浓汤用细网过筛后倒入碗中。
4. 另外取一个小汤锅，煮一锅热水将豌豆烫熟。将熟豌豆撒在汤中即可上桌。

柚子蜂蜜
紫苏叶冷番茄
第 46 页
百里香山椒
烤玉米笋
第 47 页
印度鲜虾咖喱
第 44 页
烤酸奶油马铃薯
第 46 页
紫米饭

Lunch Table

05

不可能更幸福的员工分享餐

一起工作的伙伴们天天相处，有时候像是亲人一样，除了彼此分担工作外，也分享生活中的喜怒哀乐，并照顾着对方。丰盛的员工餐由大家一起完成，不只填饱了肚子，惺惺相惜的心意更将成为记忆中的美好。

• 文字：Irene • 摄影：好拾光写真 Good times • 食物造型：维莹

维莹的木摆盘技巧

tips 1
运用食材的颜色对比

利用食材颜色对比性，是最容易的摆盘方法。每道菜组合在一起时自然产生丰富的层次，例如，红色的番茄衬上绿色的紫苏叶，米色的马铃薯挤上白色酸奶、点缀红色培根碎，深紫色的紫米饭以白芝麻点缀等。

tips 2
不同烹调方式搭配不同材质器皿

选用不同材质的器皿搭配不同的烹调方法，例如，烤得炙热的马铃薯与玉米笋放在温暖质感的手工陶盘上，清凉的渍番茄则放在陶瓷小皿中。

tips 3
铸铁锅可以直接上桌

铸铁锅适合制作炖煮类的料理，当料理完成时可以直接上桌，温润厚实的调性突显出主菜的分量，同时铸铁锅也具有良好的保温效果。

木盘 / 砧板选用

手工订制木砧板

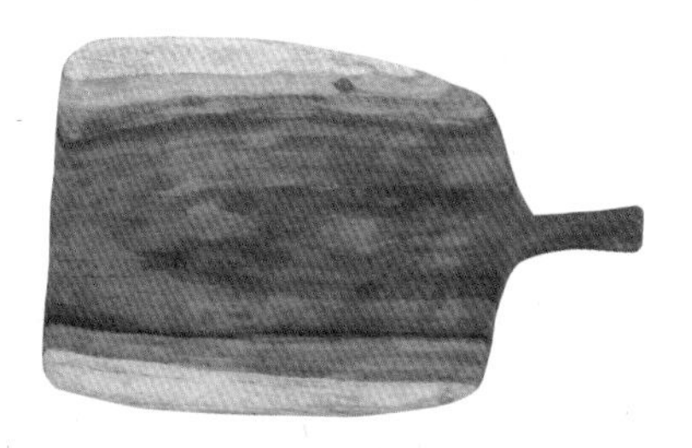

山山维莹所珍藏的这块造型与颜色分布独特的木砧板是由朋友亲手制作的，那时两人一起去木材行挑选原始的裸木，裸木外层甚至还包覆着树皮，无法知道木纹的走向，两人带着神秘的想象直到木材切开之后才看清其全貌。对称的木色由浅到深，并非刻意的拼接，所有的色块与纹路都照着自己的个性发展，无法强求也无法复制。

个人收藏 / （长）48cm ×（宽）32cm ×（厚）1.5cm / 乌心木

[餐桌置物 | 手工订制木砧板、自制手工陶盘、黑色铸铁锅、黑色陶碗、日式和风小碟、铜制小皿、透明玻璃小皿]

印度鲜虾咖喱

有一段时间山山的伙伴们会各自学习不同的菜色，轮流为彼此准备午餐，而这道印度鲜虾咖喱是最受好评的料理之一，备料简单、烹调时间快速、好吃下饭，综合许多优点而成为员工餐的首选菜色，不论是大食量的男生还是小鸟胃的女孩都能吃得心满意足。

[材料]（约 4 人份）

鲜虾 … 9 只
番茄 … 1 颗
香菜叶 … 少许

Ⓐ
洋葱 … 1 颗
大蒜 … 2 瓣
生姜 … 1 片

咖喱香料

白芥末籽 … 1 匙
香菜粉 … 1 匙
小茴香粉 …1 匙
卡宴辣椒粉 * …1 匙
姜黄粉 … 1/2 匙

Ⓑ
水 …300ml
椰奶 … 200ml
砂糖 … 1/2 匙
醋 … 1 匙
盐 … 少许

编者注：* 辣味重的正红色香料，在墨西哥、印度料理中很常见。

[做法]

1. 处理食材，将鲜虾去壳后留下小尾巴，划开背部去掉虾线。洋葱、大蒜、生姜切碎，番茄切块。**a**
2. 将白芥末籽以油锅加热爆香，加入材料 **A**，以中火炒至颜色变为深色。**b**、**c**
3. 加入番茄，炒至水分收干后转小火，加入其余香料拌炒 30 秒。
4. 加入材料 **B**，大火煮开后，转小火熬煮 10 分钟，不时搅拌。**d**
5. 加入鲜虾，中火煮 2 分钟，加入香菜装饰即可。**e**

注：使用铸铁锅完成此料理可以一锅到底，本步骤图为求食材照片清楚，故使用平底炒锅替代。

Point

使用咖喱粉自制咖喱会比一般的咖喱块稍微稀一点，但味道层次会更加明显，也没有添加物的疑虑。除了鲜虾之外，也可使用鸡肉，如使用鸡肉可先煸炒至半熟，下锅后炖煮的时间也需要增加。

柚子蜂蜜紫苏叶冷番茄

Point

去皮的番茄更容易入味，先于番茄底部轻划十字，以小火氽烫大约30秒，看到划十字的皮掀起后即可放入冰水中浸泡，这是非常常见且实用的番茄去皮法。

[材料]

牛番茄 … 3颗
冷水 … 2杯（约480ml）
蜂蜜 … 3小匙
葡萄柚皮 … 少许
紫苏叶 … 1片

[做法]

1. 牛番茄底部划十字，氽烫后浸泡冰水去皮。
2. 冷水中加入蜂蜜、少许葡萄柚皮屑、紫苏叶，作为腌汁。
3. 把番茄泡入腌汁中，密封冷藏腌一天即可。

烤酸奶油马铃薯

Point

建议选用体型小而圆的品种，烘烤前，可以利用叉子在表皮刺出小洞，避免因蒸汽造成表皮胀破。拿出烤箱后可以竹签轻轻戳刺，若能轻松穿透则确定已经熟透。

[材料]

小马铃薯 … 3颗
橄榄油 … 少许
培根碎 … 少许
酸奶油* … 少许
盐、黑胡椒 … 少许
青葱 … 少许

[做法]

1. 小颗马铃薯不去皮，刷上橄榄油。
2. 烤箱预热至180℃，烤40~50分钟左右，中间不时翻面。
3. 出炉后挖除马铃薯表面的果肉，填入酸奶油，撒上培根碎、盐、黑胡椒、青葱装饰即可。

编者注：* 酸奶油由奶油发酵而成，味道微酸，质地均匀黏稠，表面光亮。

百里香山椒烤玉米笋

[材料]

带壳玉米笋 …3支
蒜碎 … 2小匙
面包糠 …6小匙
百里香 …1大匙
山椒、盐、黑胡椒、橄榄油 … 各少许

[做法]

1. 将玉米笋滚水汆烫3分钟，取出备用。
2. 用热油锅将蒜碎爆香后，加入面包糠炒香，并加入切碎的百里香、盐、黑胡椒调味。
3. 将玉米笋放置烤盘上，以刀子从中间划开，淋上橄榄油。
4. 撒上些许山椒，再将炒好的2铺于上层。进烤箱以180℃烤5分钟至表面金黄色，出炉后撒上百里香即可。

Point

汆烫玉米笋时可在水中加入少量的盐。

京都抹茶拿铁
第 53 页
紫苏风味金针
和风凉拌豆腐
第 52 页
百香果田乐味噌
烤鸡腿翅与蔬菜
第 51 页
茴香鸡肉丸子
口袋面包
第 50 页
重乳酪云朵蛋糕
熬很久的南瓜浓汤
第 53 页
凤梨 Lassi（印度酸奶）

Lunch Table

06

吃进一口口食物的温热，让今天有所不同

正午时分总易在忙碌中呼啸而过，重视每天要吃的午餐，会发现蕴藏在食物中的温热，正一口口地给予我们整日所需的活力，今天又将有所不同。

• 文字：刘薰宁 • 摄影：Evan • 食物造型：小二、宏光

小二、宏光的木摆盘技巧

tips 1
用玻璃、陶皿等相互搭配

整桌的木作食器，易使餐桌画面过于沉静呆板，可选择几样不同材质的容器，如玻璃、陶皿、竹制品等相互衬托，带出餐桌上的活泼。

tips 2
用大自然的小物来点缀

利用从海边捡来的石头作为筷架，用香草植物点缀饮料的色泽与气味，再摆上一小杯绿意，大自然的道具就是摆盘的魔法。

tips 3
将二手回收木做成木食器

将惜物的精神运用在摆盘之中，木书柜坏了，总舍不得把木头丢掉，将其裁成喜欢的大小，就成了桌上盛装食物的好帮手。

木盘 / 砧板选用

知鸟喜欢美洲桧木的特性，厚且轻，并保留原木的纹路之美，买一大块来裁切成喜欢的大小，作为店内盛装食物的砧板，每一块都独一无二。了解到东方食物的油腻较易破坏木头本身的质地，知鸟请木工师傅，用本身就富含油质的柚木制成砧板，制作时不需额外上漆，保留了木头原有的质感与光泽，只要在每次清洗后，涂抹一层薄薄的橄榄油，和养锅的概念相同，即可延续木头的使用寿命。

美洲桧木砧板

（长）20cm ×（宽）10cm ／美洲桧木

手作柚木托盘

（长）30cm ×（宽）30cm ×（厚）0.5cm ／柚木

[**餐桌置物** | 美洲桧木砧板、手工柚木托盘、无印良品木制沙拉碗、手削木汤匙、手削木筷子、bambu 竹砧板、白色亚麻桌巾、透明玻璃容器、蔡丽铃手作陶器]

茴香鸡肉丸子口袋面包

[材料]

高筋面粉 … 350g
全麦面粉 … 150g
盐 …1 小匙
新鲜酵母 … 15g
砂糖 … 1/2 小匙
橄榄油 …2 大匙
水 … 300ml

Point

完成后的口袋面包有多种吃法，对切后放入准备好的茴香鸡肉丸子，或是生菜、水果、醋渍蔬菜、芝士片、果酱等，自由搭配，都很美好。

[做法]

1. 在搅拌缸中放入面粉和盐，另取一锅，加入水、酵母、糖和橄榄油。
2. 搅拌面粉，加入酵母水，拌匀后以中速搅拌 8~10 分钟；取出，发酵 1.5 小时。
3. 将面团分割成 8 等份，分别整形成圆球状，松弛后再以擀面棍擀成扁扁的椭圆形。
4. 烤箱预热至 220℃，面团二次发酵 20 分钟。
5. 烤盘上撒些面粉，放进烤箱预热 5 分钟。取出热烤盘，将发酵好的面团一一移入，并立即放回烤箱烘烤 8~10 分钟，直到面包表面膨起即可出炉。

百香果田乐味噌烤鸡腿翅与蔬菜

[材料]

A
白味噌 … 2 大匙
味淋 … 2 大匙
清酒 … 2 大匙
百香果 … 2 大匙
酱油 … 1.5 小匙
糖 … 1 小匙
盐 … 1 小撮

鸡腿翅 … 数只
莲藕 … 1 根
胡萝卜 … 1 根
香菇 … 数朵

[做法]

1. 制作田乐味噌酱腌料，将材料 **A** 全部混合搅匀。
2. 保留三分之一腌料，其余全部倒入鸡腿翅中，充分混合腌制至少 1 小时。
3. 烤箱预热至 210℃。香菇去蒂、胡萝卜切片、莲藕去皮切片。
4. 将鸡腿翅与蔬菜分别放在烤盘中，进烤箱前先在蔬菜表面刷上腌料。
5. 鸡腿翅每隔 10 分钟从烤箱中取出，刷上腌料后翻面再烤，烤至鸡肉表面为金黄色，烤 30~35 分钟。
6. 蔬菜双面各烤 10 分钟，烤熟即可上桌。

紫苏风味金针和风凉拌豆腐

[材料]

绢豆腐 … 1 块
新鲜紫苏叶 … 2 片
白萝卜 … 150g
金针菇 … 1/2 包
酱油 … 2 大匙
清酒 … 3 大匙
味淋 … 2 大匙
马铃薯淀粉 … 1 大匙
水 … 1 大匙

[做法]

1. 将白萝卜磨成泥，分别保留萝卜水（约需100ml）及萝卜泥。
2. 金针菇切段洗净，放入小锅中，加入酱油、清酒与味淋，煮滚后转小火，再加入萝卜水炖煮片刻。
3. 加入勾芡的马铃薯淀粉水，搅匀后即可熄火，静置放凉。
4. 豆腐沥干水分切薄片，紫苏叶切丝。

Point

豆腐上放金针菇与和风酱，随兴放上一把萝卜泥、撒上一些紫苏叶，就是一道好吃的紫苏风味金针和风凉拌豆腐。新鲜紫苏叶的颜色搭配，衬托出豆腐的鲜嫩，用玻璃容器盛装，为沉静的木摆盘餐桌上加入几分亮光。

熬很久的南瓜浓汤

[材料]

南瓜 … 1 颗
洋葱 … 1 颗
马铃薯 … 1 颗
培根 … 1 片
高汤或水 … 1500ml
月桂叶（香叶）… 少许
黑胡椒 … 少许
肉豆蔻粉 … 少许
面包丁 … 少许

[做法]

1. 将南瓜、洋葱及马铃薯去皮切丁。
2. 洋葱炒软、炒香后，加入南瓜、马铃薯以及培根，相互拌炒后，加入水、月桂叶、些许黑胡椒及肉豆蔻粉，盖上锅盖煮至南瓜变软，约莫 30 分钟即可熄火。
3. 等南瓜汤降温后，以食物料理机打成泥状，再放回炉上调整浓淡滋味，再次加热，待煮沸后即可熄火。

Point

最后撒上些许面包丁，面包丁吸附汤汁后，浓汤的口感更显层次。搭配手作木汤匙，饮用时的自然手感更为暖心。

京都抹茶拿铁

[材料]

抹茶粉…5g
黑糖…8g　　鲜奶…220g

[做法]

1. 抹茶粉与黑糖，加上一点点温水，以竹器将抹茶粉刷匀。
2. 牛奶加热至 70℃，打发奶泡，均匀注入有抹茶粉的碗中。

Point

一保堂的高品质抹茶粉，再加上香浓的四方鲜乳，调配出原汁原味的京都风味。

肉桂吉事果
第 61 页
面包小点拼盘
第 58 页
瓦伦西亚
海鲜饭
第 56 页
马铃薯烘蛋
第 61 页
鸡肉凯撒沙拉
第 60 页

Dinner Table

07

用一顿晚餐，夜游西班牙

如果下班后你喜欢去台式热炒店，那么一定要试试有着欧洲热炒店概念的Tapas Bar，在西班牙餐酒馆里，享受一个用味蕾放松心情的异国风味夜晚。

• 文字：刘继珩 • 摄影：Evan • 食物造型：One

One的木摆盘技巧

tips 1
善用三色食材，让料理不平淡

运用红色、绿色、黄色的食材点缀，一来能提升丰盛度，能让料理颜色不被木制品吃掉，二来在视觉上能呈现食物的立体感而不会变得平面化。

tips 2
留意食材空间感，制造活的层次

沙拉的生菜以抓出蓬松空气感取代平铺；海鲜饭的虾子以立姿排列取代平放，就连彩椒也要有弯度曲线，尽可能地赋予料理"活"的层次感。

tips 3
借由造型巧思，创造视觉效果

食材在摆放上必须讲究造型，例如凯撒沙拉的生菜颜色要深浅堆叠，鸡肉则沿木碗分散铺放；海鲜饭配料可呈放射状或米字状排列。

木盘 / 砧板选用

从旧木料行取材，找到适合放锅子与食物的不同木料后，经过上油、抛光等处理，再裁切成砧板、隔热垫等尺寸，每批木材有着不同纹路，更具温度与时间的痕迹。

自裁长形砧板

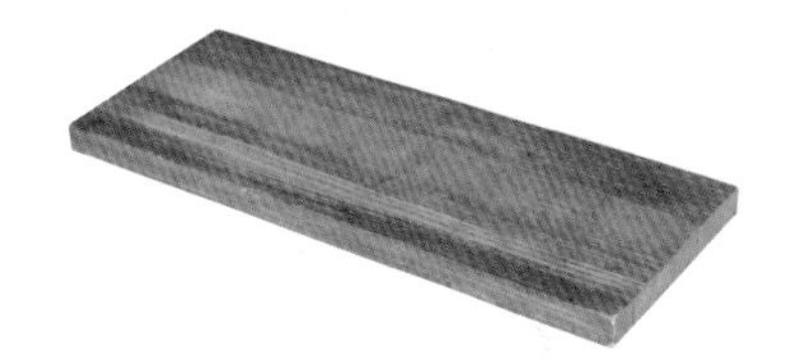

(长)36cm×(宽)14cm×(厚)2cm／胡桃木／购于木栅旧木料行

自裁方形隔热垫

(长)20cm×(宽)20cm×(厚)2cm／胡桃木／购于木栅旧木料行

[餐桌置物 | 西班牙铁锅、木制沙拉碗、旧木料制砧板、旧木料制隔热垫、铁制料理板]

瓦伦西亚海鲜饭

海鲜饭名为 paella，起源于瓦伦西亚地区，又称为大锅饭。瓦伦西亚海鲜饭的特色是偏干、不黏稠，除了有虾子、贝类之外，饭里还会加入旗鱼，由于受热度会影响口感，因此制作时必须观察火候、试味道，才能做出正统、美味的海鲜饭。

[材料]

橄榄油 … 30ml	鱼高汤 … 500ml
虾子 … 数只	盐 … 4g
蛤蜊 … 数个	牛番茄碎 … 20g
淡菜 … 数个	青豆仁 … 9g
鱿鱼 … 45g	蒜碎 … 13g
白旗鱼肉 … 30g	红甜椒 … 13g
白米 … 1 杯	红椒粉 … 1g

[做法]

1. 热锅加入橄榄油，煎虾子、红甜椒条、白旗鱼肉、鱿鱼。**a**
2. 煎熟后加入蒜碎、牛番茄碎炒香，再把虾子和红椒条取出，加入鱼高汤、盐、青豆仁、红椒粉、蛤蜊、淡菜烹煮。**b**
3. 将蛤蜊、淡菜煮熟取出备用，加入米后转小火盖上锅盖，计时 18 分钟。**c**
4. 待快完成的前 5 分钟，再将取出的食材放入锅中摆盘、回温。**d**

Point

瓦伦西亚海鲜饭的特色是偏干，所以饭要使用生米，且切记不能清洗，以免表面薄膜被破坏后产生淀粉；烹煮时也不可翻搅，只要轻轻抖动锅子两下即可，饭才不会有黏稠感。

※ 由右至左：A 墨鱼可可饼 B 焦糖洋葱血肠
C 洋蓟菠菜奶酪沙拉 D 蟹肉沙拉

轻食

Point

4 种面包小点的最顶端都各自有食材装饰点缀，分别通过美乃滋、红椒条、火腿片、黑橄榄带出色彩与层次感。

面包小点拼盘

A 墨鱼可可饼

[材料]

鱿鱼丁 … 23g
洋葱碎 … 26g
牛奶 … 66ml
面粉 … 9g
盐、黑胡椒 … 适量
面包糠、蛋液 … 适量
蒜 … 2g
墨鱼酱 … 适量
蒜味美乃滋 … 适量

[做法]

1. 鱿鱼切丁备用，牛奶加入面粉用果汁机打匀备用。
2. 锅子倒入橄榄油热锅后，加入洋葱碎及蒜，炒香炒软后再加入鱿鱼丁、盐、黑胡椒拌炒 5 分钟，再加入牛奶糊、墨鱼酱煮至浓稠，放凉。
3. 将 2 捏至椭圆形后沾面包糠、蛋液然后再沾面包糠，炸至表面呈金黄色，备用。
4. 面包当底，挤少许蒜味美乃滋后放上墨鱼可可饼，插上竹签。

B 焦糖洋葱血肠

[材料]

生血肠 … 1 小片
包菜丝 … 20g
洋葱碎 … 13g
大蒜碎 … 1g
白酒 … 5ml
盐、黑胡椒 … 适量
橄榄油 … 适量
苹果片 … 1 小片
君度橙酒 … 10ml
红椒条 … 1 条

[做法]

1. 生血肠剥皮、包菜切丝，烫熟沥干备用。
2. 锅里倒入适量橄榄油，加入生血肠、包菜丝、洋葱碎、大蒜碎、盐、黑胡椒，以中火拌抄 5 分钟后，加入白酒，收干水分。
3. 将苹果切片后，加入君度橙酒烤 15 分备用。
4. 面包当底，放上苹果片再放上血肠酱，最后加上煎过的红椒条，插上竹签。

C 洋蓟菠菜奶酪沙拉

[材料]

冷冻菠菜 … 30g
奶油奶酪 … 24g
洋蓟 … 15g
柠檬汁 … 少许
盐 … 适量
黑胡椒 … 适量
橄榄油 … 少许
生火腿 … 3 小片

[做法]

1. 把冷冻菠菜的水分挤干后切碎，再将冷冻菠菜、奶油奶酪、洋蓟、柠檬汁、黑胡椒、橄榄油一起放入食物料理机打匀，取出备用。
2. 将生火腿放入烤箱烤至酥脆备用。
3. 面包当底，将洋蓟菠菜奶酪沙拉放上，再将烤过的火腿片放上，插上竹签。

D 蟹肉沙拉

[材料]

A
- 蟹肉罐头 … 15g
- 洋葱碎 … 6g
- 番茄碎 … 8g
- 蒜味美奶滋 … 8g
- 雪莉酒醋 … 1g
- 盐 … 适量
- 欧芹碎 … 少许
- 橄榄油 … 2g

牛番茄片 … 1 片
生菜丝 … 少许
去籽黑橄榄 … 1 颗

[做法]

1. 将材料 **A** 拌匀。
2. 面包当底，放上一片牛番茄片，再放上蟹肉沙拉，最后放少许生菜丝，并加上一颗去籽黑橄榄，插上竹签。

小点组合做法

1. 将厚度 4cm 的 4 块法国面包片放入烤箱，用 180℃ 烤至外酥内软。
2. 再将 4 种口味的小点馅分别放至面包上，淋上适量橄榄油、撒上欧芹碎即可。

鸡肉凯撒沙拉

[材料]

鸡胸肉 … 1 片
球生菜 … 200g
红、绿叶生菜 … 10g
炸培根片 … 少许
帕玛森芝士丝 … 少许
小番茄（对切）… 3 颗
水煮蛋（对切）… 1 颗
烤过的蒜味法式面包 … 2 片
凯撒沙拉酱 … 适量

[做法]

1. 将鸡胸肉烤熟，备用。
2. 将凯撒沙拉酱均匀地拌入球生菜，再依序放上红绿叶生菜、培根片、小番茄、水煮蛋、蒜味面包片。
3. 最后撒上帕玛森芝士丝，并将烤好的鸡胸肉切片摆上。

Point

在蒜味凯撒酱中加入适量雪莉酒醋，让酱料带一点酸味，能让沙拉酱不那么腻口，并增加口感层次，达到开胃的效果。

马铃薯烘蛋

Point

马铃薯一定要炸至熟透，烘蛋才会呈现扎实的膨度，这道料理以马铃薯为主，蛋仅占 1/5 的比例，内里松软为泥状口感，可用汤匙搅拌后蘸蒜味美乃滋一起食用。

[材料]

炸薯泥 … 350g
蛋 … 1 颗
盐 … 少许
洋葱碎 … 30g
橄榄油 … 适量

[做法]

1. 马铃薯削片、洋葱切碎，用橄榄油中火炸熟炸软，沥油后稍微放凉，加入蛋、盐搅拌均匀备用。
2. 将烘蛋锅热锅，倒入适量的橄榄油，再加入调味好的薯泥，用小火煎 3 分钟，用小盘子翻面，再煎 3 分钟。

肉桂吉事果

Point

面团必须加热搅拌，且揉面团时面团不能超过手感温度；吃的时候蘸上加入朗姆酒及辣椒碎片的巧克力酱，搭配咖啡、热可可也适合。

[材料]

中筋面粉 … 71g
糖 … 2g
盐 … 1g
黄油 … 7g
热水 … 100ml
蛋 … 1 颗
肉桂糖粉 … 适量

[做法]

1. 面粉过筛备用；热水煮滚后转小火，加入糖、盐、黄油等所有调味料。
2. 所有调料溶化后加入面粉，搅拌至面团表面光滑，取出放置 5 分钟，加入蛋液搅拌均匀。
3. 将面团装入挤花袋中挤出适当长度，再放入锅中油炸 2~3 分钟捞起沥油，趁热沾上肉桂糖粉。

姜黄腰果奶昔
第 67 页
快速腌菜
第 67 页
豆腐瑞可达奶酪
第 66 页
皮塔饼
中东蔬菜香料饭
第 64 页

Dinner Table

08

充满浓浓中东风情的香料餐桌

中东料理对我们来说有些陌生，但不难想像中东人对于香料的广泛应用。香料饭、腌菜、豆腐瑞可达奶酪，搭配上典型的中东食物皮塔口袋饼，大胆而强烈的风味让自家餐桌也拥有了浓浓的异国风味。

• 文字：Irene • 摄影：Evan • 食物造型：Wendy & Sean

Wendy & Sean
的木摆盘技巧

tips 1
各种不同材质的混搭

多利用不同材质与风格的器皿混搭，除了常见的陶瓷外，珐琅及铝制品都是中东料理中经常使用的器皿材质。

tips 2
善用桌布与餐巾纸

色彩鲜艳的图腾桌布与餐巾纸是最快速能够营造出异国风情的餐桌道具。

tips 3
料理色彩穿插铺陈

色彩鲜黄的香料饭与鲜紫色的快速腌菜呈现强烈的对比，两者可以错开，利用其他料理作为两者的铺陈，避免视觉重心完全集中于强烈的对比之上。

木盘 / 砧板选用

传统木砧板

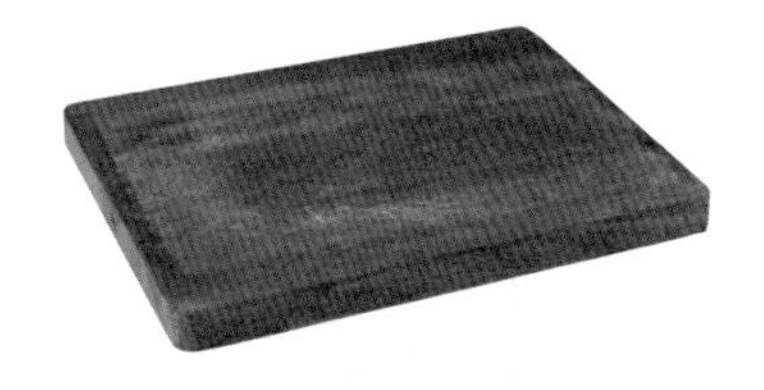

砧板除了摆设之外，最重要的功能还是不能舍弃，这块年代久远、布满深深浅浅切痕的传统木砧板就是最好的代表。较大的尺寸与较扎实的厚度，可以分成两个半部，一边将小碟菜直接连同食器一起摆上，另一边则可堆叠食材，让整体高于其他料理或食器，营造餐桌重点与分量感。

个人收藏 / (长)38 cm×(宽)25 cm×(厚)1.5cm / 旧木

[**餐桌置物** | 丝质图腾桌巾、印花餐巾纸、蓝色青瓷碗、白色珐琅圆盘、玻璃小皿、铝制小皿、长方形木砧板]

中东蔬菜香料饭

姜黄是中东蔬菜香料饭的灵魂，姜黄带有辛香药味，是制作咖喱的重要材料之一，也是天然的抗发炎及抗氧化食物，被人类使用已有超过四千年的历史，这道香料饭虽然没有加入肉类食材，但各种香料搭配蔬菜的层次也绝对足以成为餐桌上的亮点。

[材料]（约 4 人份）

洋葱丁 … 1/2 杯
椰子油 … 1 大匙
印度香米（basmati rice）… 1 杯
姜黄粉 … 1/2 小匙
孜然 … 3/4 小匙
月桂叶（香叶）… 1 片
蔬菜高汤 … 2 杯
海盐 … 1 小匙
胡萝卜丁 … 1/2 杯
葡萄干 … 1/4 杯
杏仁片 … 1/4 杯
欧芹碎 … 3 大匙
Bragg 酱油 … 少许

[做法]

1. 取一个有盖子的深炖锅（至少有 3L 的容量），加入洋葱丁和椰子油，以小火慢炒 10~15 分钟，炒至洋葱呈现半透明状并散出香气。**a**
2. 加入印度香米继续拌炒 5~10 分钟，炒至米粒稍微呈现半透明状态，并吸满了油脂。**b**
3. 加入姜黄粉、孜然和月桂叶，拌炒至有香味散出后，加入蔬菜高汤和海盐，大火加热至微滚后，转小火加盖焖煮 10~12 分钟。**c**
4. 待水分被米粒完全吸收，用小叉子试吃一下饭粒是否熟透，如果已熟透就关火，放入胡萝卜丁加盖焖 20 分钟。这个阶段切勿将米饭拌开，要再加盖焖，否则饭会变得黏糊糊的，不是松软的口感。**d**
5. 将香料饭拌松，加入葡萄干、杏仁片和欧芹碎拌匀，最后加入少许酱油调味，即可上桌。**e**

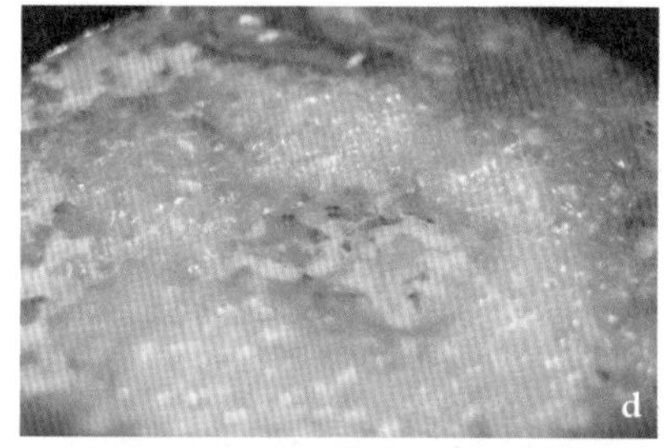

Point

这里使用的酱油为 Bragg 酱油，主要为提味使用，如果没有 Bragg 酱油也可使用惯常使用的酱油，但建议选择非基因改造的纯酿酱油（非化学酱油）。

豆腐瑞可达奶酪

[材料]

老豆腐*… 360g
甜味噌 … 1~2 大匙
营养酵母 … 2 大匙
肉豆蔻粉 … 1/8 小匙
生苹果醋 … 1 大匙
海盐 … 3/4 小匙或更多
现刨黑胡椒 … 少许

编者注：* 又称硬豆腐、北豆腐、板豆腐。

[做法]

1. 将老豆腐用棉布包裹放在深盘中，上头压重物放冰箱一个晚上以沥出水分。
2. 取一个中盆，将沥干的老豆腐用手稍微剥碎。
3. 加入剩下的材料与调味料，用叉子捣匀并试试味道再作调整。
4. 放入冰箱冷藏后再享用。

Point

以豆腐取代奶制品制成的奶酪即使是全素食者也可以放心食用。放入冰箱密封冷藏保存可放 2~3 天。

快速腌菜

Point

快速腌菜非常适合作为常备菜，完成后可直接上桌，冷藏入味后风味更佳，冰箱冷藏保存约可存放一周。

[材料]

葛缕子（caraway seeds）
… 1/4 小匙
香菜籽（coriander seeds）
… 1/4 小匙
紫甘蓝 … 1 棵
苹果 … 1/2 颗
海盐 … 3/4 小匙或更多
苹果醋 … 1~2 大匙

[做法]

1. 将紫甘蓝与苹果切成细丝。
2. 在平底锅中，将葛缕子和香菜籽小火拌炒至香气散出后，放凉并磨成粉。
3. 取一个大盆，放入切成细丝的紫甘蓝和苹果，还有香料粉、海盐和苹果醋，用手将其按摩至稍微变软，按摩 3~5 分钟。
4. 试吃一下味道，依个人喜好调整到最刚好的味道后就可以直接上桌。

姜黄腰果奶昔

Point

香料粉在两批坚果的中间放入，可以防止高速搅打时，香料粉喷洒到盖子上。

[材料]

生腰果…1 又 1/2 杯
姜黄粉…1 大匙
肉桂粉…1 小匙
椰糖…3~4 大匙
（另外多准备一点装饰用）
过滤水…4 杯（约 960ml）

[做法]

1. 生腰果浸泡 4~6 小时，洗净沥干备用。
2. 在果汁机中，先放入一半的腰果，再放入姜黄粉、肉桂粉、椰糖，最后放入剩下的一半腰果和过滤水，用高速搅打至绵密细致、没有颗粒。
3. 倒入杯中，撒上一些椰糖装饰即可享用。

专题
02

精选木盘·砧板 20－1

木盘或砧板的种类和品牌琳琅满目，且形状、大小、木种、价格各异，本书严选 20 款不但美观且实用的好物给你参考。但无论如何，在选择时，感觉对了，就是适合你的木盘或砧板，请一定要好好地使用它！ • 文字：纪瑀瑄 • 摄影：Sam

●图示说明：㊇尺寸 ㊍木种 ㊅制造地 ㊋哪里买 ●尺寸标示为：【长 × 宽 × 厚】

01

W2 wood × work
日本榉木砧板

台湾早期木造老屋拆卸下的日本榉木所制成的天然砧板，让木材自早期建筑用途转变为日常食器。每一块砧板都保留了七八十年的历史纹理，表面经过打磨、均匀涂装保养油后，细看仍可发现日本榉木的细致细孔，经常使用才是最佳保养之道。

㊂ 38.5cm × 19.5cm × 1.6cm
㊍ 日本榉木 ㊄ 中国台湾 ㊇ W2 wood × work
www.w2woodwork.com

02

乐乐木
台湾相思木手作木餐板

符合单手拿握的实用尺寸设计，不需垫上纸巾即可直接将食物盛装在盘面上。砧板采用台湾相思木制作，丰富多变的木纹肌理，平日以橄榄油或食用油简易保养，将随长期使用产生其独特的变化。大面积的圆润方正外形，非常适合盛放多种类的轻食。

㊂ 37cm × 23cm × 2cm
㊍ 台湾相思木 ㊄ 中国台湾 ㊇ 乐乐木
www.facebook.com/LeLeMu

03

惜福股长
brie on baguette
柚木垫子

台湾职人手工打造的砧板，保留柚木细腻的天然纹理，略带圆润的长方形边角处理，则是细节处的质感展现。非常适合一字排开轻食料理，更是聚会款待好友的木作盛盘实用器皿。平日保养也仅需在表面涂上食用油，放置在干燥处即可长久使用。

㊂ 37cm × 11.5cm × 1.2cm
㊍ 柚木 ㊄ 中国台湾 ㊇ 惜福股长
www.facebook.com/sekifuku

04

小泽贤一
手工木制砧板

由日本木作职人小泽贤一手工打造，在制作前皆需历时三至十年等待胡桃木原木干透，才能细腻地刨削成形。表面如波浪般的细致刻纹，更将职人手作特有的温润、细腻质感极致体现。平日用作轻食盛装时，需在表面加垫纸巾，亦可用作隔热餐垫。

㊂ 含把手 28cm × 20cm × 1.4cm
㊍ 胡桃木 ㊄ 日本 ㊇ 小器生活道具
thexiaoqi.com

05

MUJI 无印良品
橡胶木砧板

圆弧外形搭配短柄握把，简约中见细节。采用质地轻巧的橡胶木材，并在表面上油涂装。颜色偏浅色的砧板，只需使用中性洗剂简易清洁，再以冷水或温水冲净并用干布擦拭即可。长时间使用后，用软布沾取食用油再次擦拭即可恢复透亮光泽。

㊂ 18.5cm × 18.5cm × 2cm
㊍ 橡胶木 ㊄ 越南 ㊇ MUJI 无印良品
www.muji.com/tw

●图示说明：(尺)尺寸　(木)木种　(产)制造地　(买)哪里买　●尺寸标示为：【长 × 宽 × 厚】

06

Andrea Brugi
橄榄木砧板

由意大利木工职人 Andrea Brugi 巧手打造，采用意大利托斯卡纳树龄逾四百年的顶级橄榄木材制成，保留木材原有样貌所制成的日常木作食器为其创作的最大特色。右侧呈现斜切状的砧板，搭配可吊挂收纳的圆洞装置，在朴实中体验职人所注入的细节。

Ⓡ 40cm × 20cm × 4.5cm
㊍ 橄榄木 ㊅ 意大利 ㊇ 小普罗旺斯
www.petiteprovence.fr

07

Les promenades
世界杂货小铺
大地恩惠橄榄木砧板

完整保留橄榄木材的原始纹理，盛产于欧洲与非洲的橄榄木本身质地偏硬，更因本身含油量高而有防水防虫两大功能，禁得起长时间的使用，被广泛用于餐厨器具制作。带有粗犷质感、富含淡雅香气，每月轻涂一次保养油更能延长使用寿命。

Ⓡ 33cm × 22cm × 2cm
㊍ 橄榄木 ㊅ 突尼斯 ㊇ Les promenades 世界杂货小铺
www.lespromenades-studio.com.tw；yuan.little@gmail.com

08

Chabatree Lyra
豆形木盘

采用专人管理的天然植木林区所出产的柚木，集结泰国精通木料特性与制作的木作职人，与美感独树一格的设计者，共同打造出的豆形木盘。如豆子般的小巧外观，更赋予了柚木食器温润质感，擦拭食用油定期保养即可长久使用。

Ⓡ 21cm × 14.2cm × 1cm
㊍ 柚木 ㊅ 泰国 ㊇ a day GOODS
www.adaygoods.com

09

Berard 毕昂
手工橄榄木
长方形握把砧板

拥有百年历史的法国职人制品，每块木材皆经过严选并善用了本身特性，无拼接、无药剂、无上漆、无涂装，纯手工的打造，为木作注入一分温润质感。纹理细腻的橄榄木，本身已蕴含了天然油脂，不易吸附外在湿气，更兼顾了坚固与耐用。

Ⓡ 26cm × 12cm × 0.7cm
㊍ 橄榄木 ㊅ 法国 ㊇ Access Wine & Living 餐厨酒具专门店
www.facebook.com/AccessWine

10

Designers Field
北欧风格皮环手把
拼色长砧板

真皮制皮环手把设计不仅方便拿取，不使用时也可挂在墙上作为装饰。简约的线条搭配白色系的手绘漆料，为温润的木作注入鲜活的视觉渲染效果。使用有“象牙木”美称的橡胶木，色泽淡雅均匀，经过工艺师多道工序加工，不易变形开裂与发霉。

Ⓡ 60cm × 21cm × 2cm
㊍ 橡胶木 ㊅ 泰国 ㊇ 玛黑家居选物
www.storemarais.com/tw

葡萄提拉米苏
第 76 页

季节水果沙拉盅
第 78 页

小农木碗沙拉

苹果饼干
第 79 页

有机草莓气泡饮

Tea Time Table

09

在植物与杂货的包围中，享受美好时光

被充满植物及欧洲老杂货等喜爱的物品围绕着，女主人悄悄地将工作室打开，怀抱着“欢迎来我家”的心情，以预约方式提供下午茶，彷佛造访友人家的自在感，体贴而周到地接待。

• 文字：黑兔兔 • 摄影：Evan • 食物造型：张小珊

张小珊的木摆盘技巧

tips ❶
木盘营造沉稳气氛

木盘的彩度偏中间或较暗色，所以多运用食材原有的缤纷色彩来搭配最为合适，如果是暗色系的食材，在木盘底下垫块亚麻布就可以增加层次感。

tips ❷
洋溢满满的花漾氛围

小量使用新鲜的鲜花或是绿色的薄荷叶是小珊摆盘的特色，放在暗色系的木盘边点缀一下，餐桌上的食物变身成让人怦然心动的料理与甜点。

tips ❸
怀旧与新颖相互融合

储藏于家中多年的老旧木盘搭配新购入的新颖细致橄榄木砧板，虽然风格不相同，但整体看起来没有丝毫突兀，呈现出完美的平衡，反而创造出平易近人的气氛。

木盘 / 砧板选用

芒果木盘

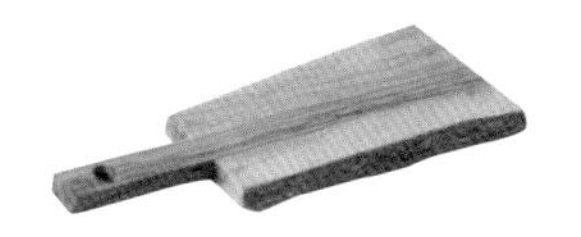

是意大利职人 Andrea Brugi 的作品，木料来自托斯卡纳。小珊多年前在意大利杂志上看到时就非常喜欢，后来在民生社区的店家发现。因为尺寸是长方形，最常拿来切面包或是当盘子盛装食物。

(长)48cm×(宽)16cm×(厚)2cm ／芒果木

橄榄木砧板

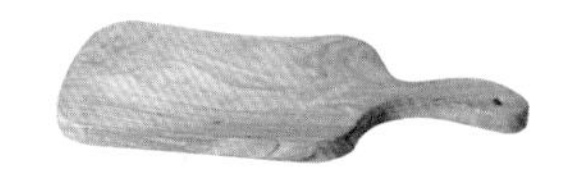

运用二手的松木层板架制成，浅色松木容易加工，可选用无毒环保的木头漆，加工成自己喜欢的颜色，但仍应避免食物直接碰触漆面。把手部分亦可选用五金材质，别有一番风情。

(长)45cm×(宽)19cm×(厚)2.5cm ／橄榄木

漂流杉木板

在海边捡来的漂流木经过太阳高温曝晒后呈现的不刻意营造的样貌，不仅讨喜、增添视觉亮点，还成为餐桌上朋友讨论的话题焦点。

(长)49cm×(宽)23cm×(厚)2cm ／杉木

[**餐桌置物** | 芒果木盘、橄榄木砧板、漂流杉木板、柚木碗、旅行带回的瓷盘、白色花瓶]

葡萄提拉米苏

工作室还未对外开放时，小珊会以自己制作的提拉米苏来招待好朋友们，加入了她最喜欢的香草是她擅长的料理方式，搭配咖啡或花茶，是一道有着大人味又深受女生喜爱的下午茶甜点。

[材料]

马斯卡彭奶酪 … 500g
手指饼干 … 1 包
鸡蛋 … 5 个
砂糖 … 100g
浓缩咖啡 … 150ml
水果白兰地酒 … 30ml
可可粉 … 适量
柠檬皮（切丝）… 少许
葡萄 … 1 串
芳香万寿菊或其他香草叶 … 2 枝

[做法]

1. 将手指饼干排好铺在玻璃容器底层并将浓缩咖啡液加糖 10g 溶解后，用刷子将手指饼干表面沾湿。再将白兰地酒轻轻地均匀倒入，必须让手指饼干充分吸收酒和咖啡液，再将马斯卡彭奶酪放在室温中回温。**a**
2. (A) 将蛋黄、蛋白分开，蛋黄 5 颗和砂糖 50g 倒入搅拌盆，以打蛋器打至糖溶解、颜色变浅且蓬松后和马斯卡彭奶酪均匀融合。**b**
3. (B) 蛋白 3 颗倒入另一个擦干的搅拌盆中，将 40g 糖分次加入，以打蛋器打至干性发泡。**c**
4. 接着把 (B) 慢慢用汤匙一点一点陆续倒入 (A) 中轻轻拌匀后再倒在手指饼干上，一层手指饼干一层奶酪混合糊，依序重复两次。**d**
5. 将可可粉过筛，均匀撒在表层，放上一串葡萄和香草叶，最后撒上柠檬皮丝，放进冰箱冷藏凝固约 3 小时即可。**e**

a

b

c

d

e

季节水果沙拉盅

[材料]

桃子…4 颗
小番茄…4 颗
奇异果…2 颗
葡萄…1 串
糖…200g
柠檬…1 颗
粉红气泡酒 … 30ml
新鲜薄荷叶 … 2 枝

[做法]

1. 水果洗净沥干水分。将桃子、小番茄切小块；葡萄对半切去籽，奇异果削皮切片；放入有盖容器中。
2. 将糖煮成糖水放凉，挤入柠檬汁，备用；新鲜薄荷叶切碎。
3. 将 2 的糖水倒入水果里，全部搅拌均匀放进冰箱冷藏静置约 20 分钟，取出后加入葡萄，倒入粉红气泡酒稍微搅拌，装饰薄荷叶即完成。

蜜桃苹果气泡饮

[材料]（此分量约可煮成一大罐 600ml）

水蜜桃 … 3 颗
苹果、柠檬 … 各 1 颗
砂糖 … 约 60g
（视水果甜度调整）
气泡水 … 1 杯
冰块 … 少许
薄荷香蜂草 … 数枝

[做法]

1. 先将水蜜桃和苹果洗净削皮，去籽切碎倒入锅中，加入砂糖以小火熬煮至软，捞出浮沫，挤入半颗柠檬的汁稍微再煮一下关火，即成果酱。
2. 准备玻璃杯，先倒入已放凉的果酱，加入冰块至九分满，再倒入气泡水及少许柠檬汁。
3. 水蜜桃切片，均匀置入。
4. 最后放入薄荷香蜂草数枝增添香气。

苹果饼干

[材料]

无盐黄油 … 100g
砂糖 … 50g
低筋面粉 … 150g
苹果（刨丝）… 1/2 颗
柠檬皮（磨碎）… 少许
蛋白 … 1 个

[准备动作]

黄油从冰箱取出放在室温中软化，面粉过筛，烤盘铺上烘焙纸，烤箱预热至 180℃。

[做法]

1. 黄油和砂糖倒入搅拌盆中，用手轻轻混合拌匀成乳状，再将苹果丝的水分充分沥干，和柠檬皮碎一起放入盆中混合拌匀。
2. 再将蛋白搅开加入低筋面粉中，用手混合到粉末不见为止。
3. 用汤匙当容器，将面糊舀取一口大小盛好，一一排列放到烤盘上。利用叉子背面沾点油，将面糊稍微按压平整，并修整形状大小。
4. 以 180℃先烤 15 分钟，再调到 160℃烤 10 分钟后取出，待冷却即可。

Point

没吃完的饼干需放入密闭容器防潮保存。

樱桃果酱

菠萝与带皮青柠果酱

柠檬姜汁气泡水
第 83 页

烤卡蒙贝尔奶酪
第 83 页

香煎时蔬与水煮马铃薯
第 83 页

Tea Time Table

10

启发味蕾的食材小宇宙

体验食材的本质与味道其实可以很简单，了解食材的个性，并且将彼此搭配得宜，即使是最简单的料理方式都能自成一整桌丰盛好料。抛开料理框架，感受最原始单纯的味觉体验，这不只是一场开心的午后聚会，更是启发味蕾的一趟漫游。

• 文字：Irene • 摄影：Evan • 食物造型：Miao

Miao 的木摆盘技巧

tips ❶

烤卡蒙贝尔奶酪为核心

在这道料理中烤卡蒙贝尔奶酪可以说像是太阳一样是所有食材的核心，将奶酪置于摆盘的中心点，让所有食材都围绕周围，方便取食。

tips ❷

同类型的食材聚集在一起

将生蔬、熟蔬、腊肠、水果、果酱、巧克力、面包等食材依不同的属性与咸甜口味分类，并选用不同的砧板与餐具做区隔，创造丰富但有系统的餐桌景色。

tips ❸

用杯子延伸垂直空间

将食材平面展开、利用杯子聚集部分食材，能延伸垂直空间与堆叠视觉层次，例如将面包纵切置于大型玻璃皿中、将腊肠放置于玻璃小杯中，都有同样的意义。

木盘 / 砧板选用

这次所使用的 3 块木砧板，最大块的不规则形木砧板是南投制作手工艺的友人所赠送的，完全没有经过处理，保留了原始而粗犷的木头质感；椭圆形的小木砧板是在日本旅行时带回的战利品；唯一一块烙有品牌的长形木砧板则是早些年在天母的餐厨用品专卖店所购得，可惜那家小店现在也已经结束营业了。

不规则厚木砧板

(长)40 cm×(宽)26 cm×(短边)17 cm×(厚)3cm / 非洲花梨

Grade Manger 木砧板

(长)35 cm×(宽)16cm×(厚)1.2cm / 枫木

椭圆形薄木砧板

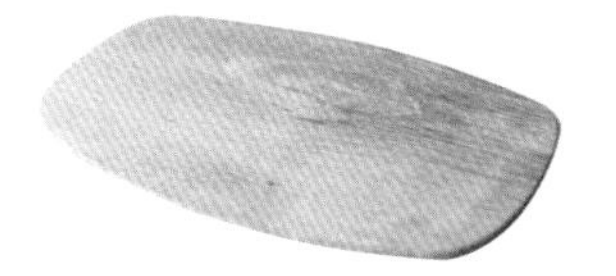

(长)20 cm×(宽)8 cm×(厚)1cm / 橡木

[**餐桌置物** | 椭圆形薄木砧板、不规则状厚木砧板、Grade Manger 木砧板、Weck 玻璃罐、Falcon 蓝边珐琅圆盘、iittala 玻璃杯]

卡蒙贝尔奶酪与各式食材

卡蒙贝尔奶酪是一种自然熟成的白霉奶酪，起源地为法国诺曼底。卡蒙贝尔奶酪表层覆有一层坚硬的外皮，内馅柔软，经过加热之后则会熔化为流体状，犹如炙热的岩浆一般，独特森林野菇般的香气适合搭配各种不同种类的食材一起享用。

[材料]（4~6 人份）

卡蒙贝尔奶酪
（Camembert Cheese）··· 1 盒
小马铃薯 ··· 2 个
苦甜巧克力 ··· 1 片
带皮玉米笋 ··· 4 根
栉瓜* ··· 1 条
黄甜椒 ··· 1/4 颗
樱桃萝卜 ··· 8 粒
小黄瓜 ··· 1 根
彩色小胡萝卜 ··· 4 根
拖鞋面包 ··· 1 条
法国风味腊肠粒 ··· 1 盒
西班牙风味腊肠棒 ··· 1 盒
新鲜青葡萄 ··· 1 串
自制果酱 ··· 2 罐

饮料

柠檬汁··· 30 ml
自制姜汁糖浆··· 45~60 ml
水与冰块 ··· 300 ml

Point

卡蒙贝尔奶酪与各式食材都可以相互搭配，例如用巧克力蘸奶酪，用面包搭配果酱与风味腊肠，任何排列组合都是成立的，吃法非常自由随兴。甚至单独品尝樱桃萝卜的微甜辛呛后，也会很自然地想要蘸口浓郁的奶酪平衡一下，所有组合都非一成不变，可依手边方便取得的食材为主。

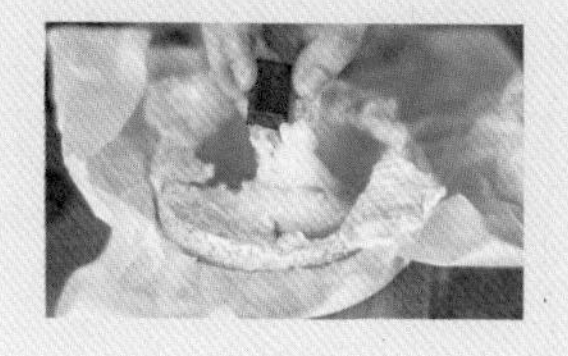

[做法]

1. 烤箱以 180℃预热 10 分钟。将卡蒙贝尔奶酪外包装纸拿掉，将烘焙纸铺在木盒里，奶酪放回盒里，盖上木盖，进烤箱烤约 18 分钟，直到用手轻压奶酪中心，感觉奶酪软化、手感温热，自烤箱取出后需静置约 12 分钟，食用时以十字形切开奶酪上皮。

2. 处理所有搭配食材。小马铃薯洗净后，以冷水盖过，煮到熟透；清洗葡萄、蔬菜，小黄瓜刨片后卷起来，玉米笋与切片栉瓜干煎上色；准备果酱，将巧克力剥碎，烤好面包并纵切开来。

3. 柠檬挤汁，与姜汁糖浆均匀搅拌后加入气泡水、冰块与切片柠檬即可。

编者注：* 又叫作或类似于西葫芦、夏南瓜、云南小瓜。

迷你花环蛋糕
桂花抹茶小山
丘磅蛋糕
第 86 页
日晒耶加雪菲
咖啡豆
手冲冰咖啡
第 88 页

Tea Time Table

11

自然展露笑容的午后时光

一条单纯美味的磅蛋糕加上一杯手冲冰咖啡就足以将那些烦恼之事暂时隔绝在外。用缓慢的心情品尝手冲冰咖啡入口之后的层次变化以及手作蛋糕的用心与细致，疗愈的感觉所说的从来都是一种心境。

• 文字：Irene • 摄影、食物造型：Willie & Luke

Willie & Luke
的木摆盘技巧

tips 1
白色棉麻桌布衬底

如果喜欢自然清新的餐桌氛围，棉麻材质的白色桌巾是很好的选择，就像是白色的画布，能够恰如其分地凸显出器皿与料理的质地与特色。

tips 2
多种形状的搭配组合

为了呈现清爽雅致的氛围，餐具器皿都以低彩度的颜色为主，但仍可利用不同的形状增加丰富的层次，如不规则的木砧板、八角形的玻璃杯等。

tips 3
利用小盆栽植物点缀

盆栽植物不但能为生活带来乐趣，也适合作为餐桌布置的点缀，但选择时应考量整体的搭配性，避免喧宾夺主。

木盘 / 砧板选用

小泽贤一木制托盘

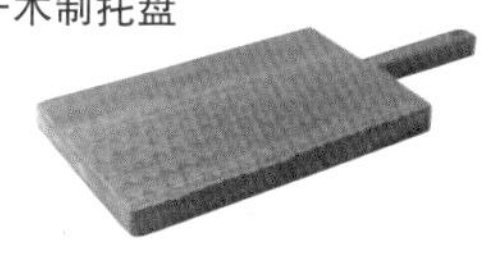

小泽贤一的木砧板是质地坚硬的核桃木，正面有着明显的木刻痕迹，而平坦的背面则可当作砧板使用。

(长)19cm×(宽)12.5cm ×(厚)2cm / 核桃木

球拍状木制砧板

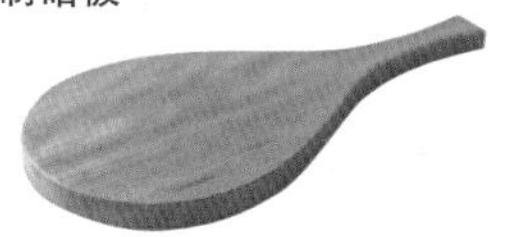

球拍造型的木制砧板富有趣味性，是旅行中的战利品，圆拍的部分非常适合盛放圆形的蛋糕。

个人收藏 / (长)16cm×(宽)11cm×(厚)1.5cm

Chabatree 木制砧板

泰国品牌 Chabatree 的木制砧板为相思木，拥有深浅相间的自然木纹，并以几何切角创造出独特的造型，价位平实，具有设计感。

(长)21.25cm×(宽)10、11、6、16 cm×(厚)1.8cm / 相思木

餐桌置物 | Chabatree木制砧板、Chabatree 木制量匙、小泽贤一木制托盘、球拍状木制砧板、[bi.du.hæv] 日安手冲咖啡座、灰白釉烧瓷盘、八角形透明玻璃杯

桂花抹茶小山丘磅蛋糕

“入秋的抹茶山，染上一头桂花黄”，这是桂花抹茶小山丘的诗情画意。清爽不腻口，选用日本进口抹茶粉以及客家庄的桂花酿，抹茶与桂花的清香不抢戏地彼此交融，即便是在炎热的夏季也仿佛能嗅到秋天的气息。

[材料]

低筋面粉 … 100g
无铝泡打粉 … 3g
无盐黄油 … 100g
白砂糖 … 80g
全蛋 … 2 颗
桂花酿 … 25g
牛奶 … 10g
抹茶粉 … 7g

Point

制作前需先将黄油、鸡蛋与牛奶放置于室温。入烤箱前需预先于烤模内部刷上一层薄薄的黄油后再均匀铺上面粉，方便脱模。

[做法]

1. 面粉与泡打粉过筛后备用。**a**
2. 将黄油加入砂糖以手持搅拌器打发至颜色发白、看不见砂糖颗粒，呈乳霜状。**b**
3. 将全蛋打散，与桂花酿、牛奶相混。分 3~4 次加入黄油之中，每次加入后都充分搅拌乳化。**c**
4. 加入过筛的面粉，使用切拌手法，拌合至面糊出现光泽即可；取局部原味面糊倒入模型中，作为山顶的部分。**d**
5. 将抹茶粉筛入剩余面糊中拌合，随后倒入模型中，八分满。**e**
6. 放入烤箱以上火 180℃、下火 160℃烘烤约 30 分钟，以竹签戳入蛋糕内部，无沾黏即烘烤完成；待冷却后，即可脱模。**f**

手冲冰咖啡

来杯手冲冰咖啡吧！这是属于夏天的高级享受，在缓慢而优雅的注水过程中，被咖啡的香气包围；在入口的冰凉中感受着苦与酸的层次以及蕴藏其中的甘甜芬芳，让嗅觉与味觉都获得了最大的满足。

[材料]

日晒耶加雪菲咖啡豆 … 40g
冰块 … 300g

[做法]

1. 咖啡豆研磨成粉。**a**
2. 放置滤纸，冲水洗去纸浆气味后，将下壶清水倒掉，再将冰块放入下壶。**b**
3. 放入研磨好的咖啡粉并整平，注入约与咖啡粉等量的热水，焖蒸膨胀 30 秒之后，接着用由内而外、再由外而内的方式，来回地缓慢注水萃取。**c**
4. 萃出约 300ml 的咖啡后即完成萃取。**d**

咖啡萃取的总时间控制在 3 分钟左右，风味最为浓郁甘甜。

原味戚风蛋糕
第 93 页
蜂蜜渍柠檬
气泡饮
第 93 页
抹茶玛德莲
第 92 页

Tea Time Table

12

重返纯真，放学后的甜蜜记忆

放学后的时光是童年最快乐的记忆片段之一，会在回家路上的杂货店偷买零食，也会期待家里准备的欢迎点心。找一个悠闲的下午时光，自己动手做甜点，重返最纯真也最美好的甜蜜记忆。

• 文字：Irene • 摄影：哈利 • 食物造型：哈利

哈利的木摆盘技巧

tips 1
以方便取用的餐桌动线为主

丰盛的甜点设计主要是为了让两位小朋友放学后可以享受到亲手做的烘焙小点，餐桌动线与摆盘以平均分配，以方便取用为主。

tips 2
圆点花布增加童趣

圆点带给人童趣、甜感的意象，与餐桌风格的出发点十分符合，因此使用圆点花布呼应整体氛围。

tips 3
简单花器增加餐桌氛围

选用家中既用的简单花器作为点缀与布置，转换小朋友放学后的心情，让亲子相聚的时光更多了温暖的记忆点。

木盘 / 砧板选用

惜福股长 魔杖长柄木砧板

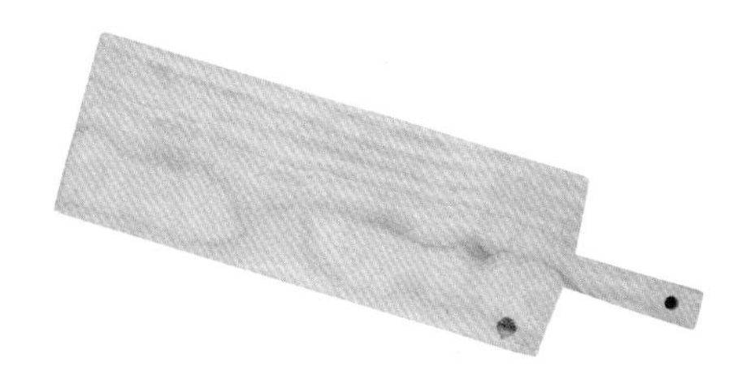

惜福股长的魔杖长柄木砧板造型简单，长条的形状很适合放置小型的点心，像是玛德莲或是杯子蛋糕等。栓木的硬度高，木纹的走向也能清楚看见，可以感受到木头较原始的状态。因为本身颜色较浅加上表层几乎没有涂层处理，因此使用时需要特别小心沾到深色的酱汁或是油渍。

(长)25cm×(宽)19cm×(厚)1cm ／栓木

[餐桌置物 | 惜福股长木制砧板、圆形木盘、玻璃透明杯、褐色玻璃花器]

抹茶玛德莲

[材料]

低筋面粉 … 100g
无铝泡打粉 … 2 小匙
抹茶粉 … 5g
砂糖 … 100g
无盐黄油 … 130g
蛋 … 100g
牛奶 … 30 ml

[做法]

1. 无盐黄油加热熔化成液态黄油。a
2. 鸡蛋和砂糖以打蛋器搅拌均匀至砂糖溶解。倒入熔化的黄油和牛奶拌均匀。b
3. 低筋面粉、泡打粉、抹茶粉过筛后加入。c
4. 将面糊拌匀至出现光泽即可。d
5. 将面糊倒入模型中，以两只汤匙整形。e
6. 烤箱预热，并以上火 200℃烤约 15 分钟，观察表面隆起的状况，待冷却后，即可脱模。f

Point

1. 玛德莲的制作重点在于完整的脱膜，建议选择较好的烤模，让造型完整。2. 面糊建议冷藏一晚。

原味戚风蛋糕

Point
出炉后要倒扣几小时比较好脱膜。

[材料]

低筋面粉 … 70g
砂糖 … 60g
色拉油 … 50ml
牛奶 … 60ml
蛋 … 4 颗

[做法]

1. 面粉过筛备用；小锅中放入牛奶与色拉油以小火加热。
2. 打发蛋白，先用搅拌器打到蓬松，分批加入糖一起搅拌，搅拌到蛋白霜细致绵密，以刮刀刮起不会掉落的状态即可。
3. 面粉加入牛奶与色拉油中，并加入蛋黄拌匀。
4. 蛋白霜分次加入蛋黄面糊中，直到完全搅拌均匀。
5. 完成的面糊放入直径 17cm 的烤模中，以 180℃烤约 30 分钟，期间随时观察状况。

蜂蜜渍柠檬气泡饮

[材料]

黄柠檬 … 1~3 颗
蜂蜜 … 适量
白砂糖 … 30g
嫩姜 … 1 大块

[做法]

1. 柠檬洗净切片。
2. 以一层砂糖、一层柠檬与嫩姜的方式置于玻璃罐，冷藏腌渍 1~3 天。
3. 腌渍完成后可加入气泡水或茶饮用，也可视个人口感加入蜂蜜。

Point
腌渍过程中完全不能碰到油或水，否则容易变质。

精选木盘 · 砧板 20－2

• 文字：纪瑀瑄 • 摄影：Sam

11
12
13
14
15

11

什物恋
橄榄木弯把板盘

符合单手拿握的小巧尺寸设计，富含曲线的外观造型，搭配天然的橄榄木纹，名厨 Jamie Oliver 常用它盛盘上桌。以整块实木材制作的木砧板，搭配 2.5cm 的厚度，使用手感更为扎实。橄榄木本身不易发霉的特性，非常适合盛放料理后的肉类、面包、轻食。

㊇ 32cm × 16cm × 2.5cm
㊍ 橄榄木 ㊅ 意大利 ㊈ 什物恋
www.facebook.com/PMEUP

12

Andrea Brugi
橄榄木砧板

来自意大利托斯卡纳地区，树龄逾四百年的顶级橄榄木，并由意大利木工职人 Andrea Brugi 巧手打造。尊重天然、不重雕琢，他的创作让所有的砧板外观都保有其原始的天然样貌。橄榄木不易发霉，易于长久保存，只要轻涂食用油类即可长久使用。

㊇ 42cm × 24.5cm × 1.5cm
㊍ 橄榄木 ㊅ 意大利 ㊈ 小普罗旺斯
www.petiteprovence.fr

13

乐乐木
爱心餐板

半圆形的小巧外形，适合盛放单片切片面包或蛋糕，搭配咖啡茶饮一同享用。采用了欧洲山毛榉的材质，搭配食用级护木油涂装，平日只需轻涂上橄榄油保养即可。浅色系的砧板盘面，清晰可见欧洲山毛榉的细致纹理，浅色色泽更添一分淡雅质感。

㊇ 26.5cm × 22cm × 2cm
㊍ 欧洲山毛榉 ㊅ 中国台湾 ㊈ 乐乐木
www.facebook.com/LeLeMu

14

VJ Wooden
手工木制鱼形砧板

造型可爱的鱼形砧板，承袭北欧的设计法则，简约之中带点玩心。严选芬兰北部出产的松木，通过当地工匠巧手打造，贯彻设计和制造皆由芬兰出品。表面皆无涂装化学涂料，即能以最纯粹的方式呈现出日常美，使用完毕仅需要以食用油擦拭即可。

㊇ 37cm × 21cm × 1.7cm
㊍ 松木 ㊅ 芬兰 ㊈ KukuButik
kukubutik.com

15

KINTO BAUM
长形木制服务板

外观小巧的长形木制服务板，适合盛装开胃小菜、摆放切片面包与奶酪。使用色泽偏浅色系的枫木木材制成，表面保有其原有的天然纹理。位于侧边的圆洞设计为简约的木制服务板增添一丝设计感，容易拿取使用，更便于吊挂收纳。

㊇ 29cm × 13cm × 1.8cm
㊍ 枫木 ㊅ 中国 ㊈ ADDONS 哎喔购物网
www.addons.com.tw

●图示说明：㊇尺寸 ㊍木种 ㊟制造地 ㊕哪里买 ●尺寸标示为：【长×宽×厚】

16

Bonbonmisha
意大利火腿爸爸橄榄木

选用意大利南部的橄榄木，由于木材质地偏硬，制程需要经过精密手工打磨。集百年的天然艺术品，天然古老的丰富树纹，每一片都有迷人且带着温度的手感，凹槽设计可防止切肉时汤汁溢流桌面，极具生活便利性的实用功能。

㊅ 45cm × 26cm × 2cm
㊍ 橄榄木 ㊢ 意大利 ㊫ Bonbonmisha
www.bonbonmisha.com

17

d&b
红橡木面包切板

三角形的外形，选用纹理将随时间推移越显美丽的北美红橡木材，由台湾当地职人手工细致打磨。除了用作一般面包轻食盛盘，也可当作隔热餐垫使用。短柄握把附有真皮皮绳，平日吊挂收纳更为方便。表面采用无毒保护油料涂装，同时兼顾防潮防霉。

㊅ 38cm × 18cm × 1.5cm
㊍ 北美红橡木 ㊢ 中国台湾 ㊫ dog & banana
www.pinkoi.com/store/dogandbanana

18

木们 x+zoom−
马来貘动物造型
砧板食器盘

与擅长旧原料再利用的绿色品牌 +zoom− 的合作款式，马来貘的可爱外形无论是送礼还是自用都很讨喜。线条简约，由深浅两色的榉木与胡桃木板材拼接而成，为日常的木作食器增添丰富的层次感。表面经过细致打磨，平滑的触感与均匀的纹理，让质感更加倍。

㊅ 37cm × 17cm × 1.5cm
㊍ 榉木 + 胡桃木 ㊢ 中国台湾 ㊫ 木们 Moment
www.woodmoment.com.tw

19

W2 wood × work
缅甸柚木砧板

长方形的设计不仅方便一次摆放多种食物，平日也可用作桌面摆饰底盘。四角方正的简约线条，搭配色系偏深的缅甸柚木，沉稳外观平实耐看。表面经过细致打磨处理，砧板外侧仍保有早期老屋拆卸时的木材涂装痕迹，更添一丝岁月质感。

㊅ 36.5cm × 21cm × 2.1cm
㊍ 缅甸柚木 ㊢ 中国台湾 ㊫ W2 wood × work
www.w2woodwork.com

20

木质线
北美硬枫木砧板

适合一人享用的小巧尺寸，圆弧曲线的盘身边缘经过长时间地打磨处理，更显圆润温暖质地。采用带有水波纹路的北美硬枫木，木材本身即有白皙透亮带点浅棕色泽的特性，每一块木砧板都保留了木材原有的天然纹理，经打磨后便能呈现光亮效果。

㊅ 34cm × 14cm × 1.5cm
㊍ 北美硬枫木 ㊢ 中国台湾 ㊫ 木质线
www.facebook.com/woodline

北非小米藜麦沙拉
第 106 页
南瓜酸奶浓汤
第 107 页
法式红酒炖牛肉
第 102 页
经典肉酱千层面
第 104 页

Party Table

13

宾主尽欢的欧陆经典美味

亲朋好友来访，端上一桌好料理，展现好手艺也展现主人家的诚意。
丰足的佳肴重视搭配上的均衡，清新开胃的沙拉先打头阵，
其他经典美味接续摆盘上桌，宾主尽欢，留下值得回味的欢乐时光。

• 文字：Irene • 摄影：Evan • 食物造型：Nancy

Nancy 的木摆盘技巧

tips 1

中心点缀新鲜香草

料理上桌前可在每道菜色中心点缀新鲜香草叶，增添自然气息，也让每道料理都有一致性的视觉聚焦点。

tips 2

重视主菜与配菜的均衡

将主菜法式红酒炖牛肉独立摆放，其他配菜统一放置于椭圆形木砧板上，让主菜与配菜形成均衡的呼应关系。

tips 3

选择与料理风味互相搭配的桌巾

选用颜色缤纷的花式图腾桌巾衬托同样带有异国风味的料理，营造热情欢乐的用餐气氛。

木盘 / 砧板选用

LEE WOODS 椭圆形胡桃木砧板

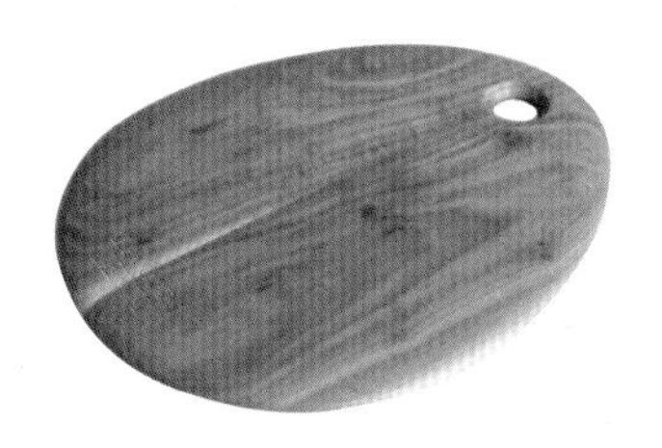

法式红酒炖牛肉与传统肉酱千层面都属于风味浓郁且厚重扎实的料理品项，因此选择颜色沉稳的深胡桃木砧板衬托，呈现经典优雅的料理质感。这块砧板为 LEE WOODS 的专属品项，取名于家族的姓氏“李”，也有“礼物”谐音之意。家族从事家具制造产业已超过 40 年，第三代接手经营后认为木砧板不但实用性高也能衬托出料理的质感，进而着手开发相关产品线。为追求品质，以高规格的工艺精神对待每件产品，经历多次手工打磨，确保每一个细节与表面都光滑细致如肌肤触感才算完成。

(长)38.5cm × (宽)33cm × (厚)2cm / 胡桃木

餐桌置物 | LEE WOODS 椭圆形胡桃木砧板、Zara Home 变形虫印花餐巾、Le Creuset 迷你椭圆烤皿、PiiN 品东西白色蕾丝深盘、IKEA 红色方形烤皿、IKEA 白色花形小皿

法式红酒炖牛肉

法式红酒炖牛肉是一道非常经典的法国菜，来自著名的红酒产区勃艮第，在勃艮第几乎每个家庭都有自己的家传食谱，电影《朱莉与朱莉娅》中也表现出了其经典又迷人的风采，虽然看似复杂，但只要前置工作完成，剩下的就只需要交给时间来炖煮，因此非常适合作为宴客菜。

[材料]（约 4 人份）

牛腩 … 800g
橄榄油 … 2g
红酒 … 250ml

A
- 洋葱 … 1/2 颗
- 胡萝卜 … 1/2 根
- 西芹 … 3 根
- 蒜头 … 5 瓣

中筋面粉 … 少许

B
- 番茄糊 … 200ml
- 牛肉高汤 … 350ml
- 月桂叶（香叶）… 3 片
- 新鲜百里香 … 6 小枝
- 新鲜迷迭香叶 … 5g

豌豆 … 20g
盐 … 1g
黑胡椒 … 1g

[做法]

1. 锅中放入橄榄油，以中大火热锅后，放入以红酒腌制过的牛肉，双面煎煮5~7分钟，以黑胡椒与盐调味后起锅，备用。**a**
2. 在同一锅中加入材料 **A** 加热拌炒，以盐和黑胡椒调味，加热到蔬菜变色即可。**b**
3. 加入中筋面粉拌炒 2 分钟，再缓缓倒入红酒。**c**
4. 加入材料 **B**，大火煮滚。**d**
5. 加入备好的牛肉，大火煮滚后，盖上锅盖以小火炖煮约 2.5 小时。而后打开锅盖，改以中火加热，加入冷冻青豆煮 2 分钟即可上桌。**e**

Point

牛腩至少以红酒腌渍超过 3 小时才能让风味渗透，如果可以前一天先放入冰箱腌渍超过 8 小时会更入味，红酒的选择以勃艮第产区为佳，或是选择酸味较重的也可以。若使用铸铁锅，炖煮的步骤则可用放置于烤箱中以 180℃烤 2.5 小时取代。

经典肉酱千层面

[肉酱材料]（约4人份）

蒜末 … 10g
洋葱（切丁）… 1/4 颗
猪绞肉 … 500g
新鲜番茄（切丁）… 1/2 颗
番茄糊 … 50ml
红酒 … 100ml
洋菇 … 100g
新鲜迷迭香叶 … 2g
黑胡椒 … 1g
盐 … 2g
罗勒 … 少许

[千层面材料]

盐 … 1g
橄榄油 … 10g
千层面皮 … 6 片
瑞可塔奶酪（Ricotta Cheese）… 30g
芝士碎 … 10 g
新鲜罗勒叶 … 8 片

[肉酱做法]

1. 蒜末跟洋葱丁炒香，炒约 5 分钟，直到呈现焦黄色。**a**
2. 加入猪绞肉，用木匙拌炒，直到熟透。**b**
3. 加入新鲜番茄丁、番茄糊、洋菇及红酒炖煮。**c**
4. 再加迷迭香、罗勒、黑胡椒与盐调味。**d**
5. 用小火炖煮入味（或盖上锅盖焖煮），约 1.5 个小时完成，备用。**c**

a

b

c

d

e

[千层面做法]

1. 烤箱以 180℃事先预热 10 分钟。
2. 水中加入盐和橄榄油，千层面皮煮大约 8 分钟，面皮变软四周卷起，呈半透明状，即可夹起。**a**
3. 在烤皿上先涂上一层橄榄油后，依序铺上面皮、肉酱与瑞可塔奶酪，重复此动作。**b**
4. 在最上层撒上芝士碎与罗勒。放进烤箱以 180℃烤 30 分钟，直到最上层的芝士碎熔化并呈现漂亮的焦糖色。**c**

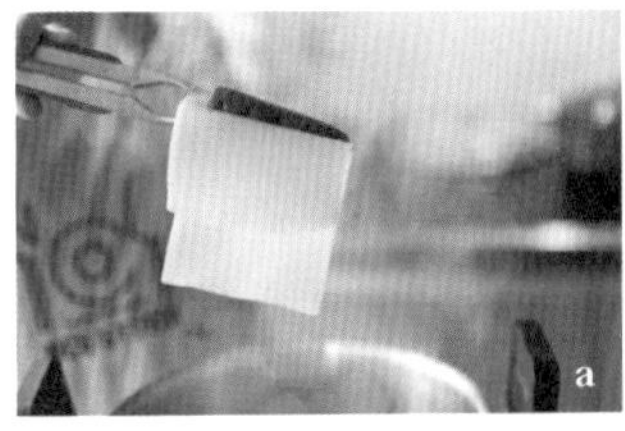
a

b

c

Point

刚煮好的面皮表面吸附过多水分，可以用餐巾纸或料理用的棉布将表面水分吸干。千层面烤好后需要静置 15 分钟左右再做切分，不然容易散开。食用时可以刨少许的帕玛森干酪丝增加风味。

北非小米藜麦沙拉

[材料]

北非小米 … 250g
藜麦 … 150g
鸡高汤 … 1 杯（约 240ml）
绿橄榄 … 3 粒
紫洋葱 … 1 颗
风干番茄 … 少许
新鲜小番茄 … 30 颗
希腊菲达白奶酪（feta cheese）… 1 包

酱汁

芥末籽酱 … 2 小匙
橄榄油 … 2 小匙
巴萨米克醋* … 2 小匙
柠檬 … 1/2 颗
盐、黑胡椒 … 各少许

[做法]

1. 鸡高汤煮滚，放入北非小米与藜麦，焖煮约 8 分钟，放凉备用。
2. 小番茄、风干番茄、橄榄切半，紫洋葱切丝泡冷水 10 分钟。
3. 将 2 的食材加入放凉的小米与藜麦中。加入希腊菲达白奶酪。
4. 将芥末籽酱、橄榄油、巴萨米克醋混合，加入沙拉中。
5. 加入柠檬汁、盐与黑胡椒调味即可。

编者注：* 葡萄酿造，果味浓郁，口感酸中微甜。

Point

这道沙拉可以事先完成，静置于冰箱 2 小时以上（或前一晚完成放至隔天），北非小米与藜麦能因此吸附较多的酱汁，各种食材的风味也将更为融合、饱满。除了单独食用外，也建议用萝蔓生菜包着一起吃，口感更为爽脆。

南瓜酸奶浓汤

[材料]

洋葱（切丁）··· 1 颗
胡萝卜（切丁）··· 1/2 根
芹菜 ··· 2 支
南瓜 ··· 500g
橄榄油 ··· 1 小匙
鼠尾草香料 ··· 1 小匙
新鲜百里香 ··· 2 小枝
鸡高汤 ··· 700ml
淡奶油 ··· 60ml
盐 ··· 0.5g
黑胡椒 ··· 0.3g
酸奶 ··· 10g

[做法]

1. 南瓜切块，蒸熟，备用。
2. 将南瓜泥放入锅中，加入鸡高汤、鼠尾草香料、百里香，转中小火慢慢煮 15 分钟。
3. 锅中先加橄榄油，再加入洋葱、胡萝卜、芹菜，炖煮 5~7 分钟直到蔬菜呈半透明状。
4. 用手持搅拌器或食物料理机将蔬菜打至糊状。
5. 加入淡奶油、盐与少许黑胡椒调味，以小火炖煮并缓慢搅拌，约 2 分钟即可。

Point

上桌前加入酸奶装饰，也可以使用面包丁作为点缀；也可以和长棍面包一起食用。

香料地瓜脆片
第 113 页
柳橙薄荷冰茶
第 112 页
蒜味蘑菇
第 110 页
香葱酸奶酱
第 112 页

Party Table

14

自在轻盈的意式面包小点拼盘

Crostini 在意大利是小圆切片面包的意思，也延伸为开胃小点之意，
这整桌丰盛的 Crostini 完全使用蔬食食材，不但丝毫不减饮食的乐趣，
更从味蕾到身体都享受着前所未有的轻松自在，即使大口吃下也丝毫没有罪恶感。

• 文字：Irene • 摄影：Evan • 食物造型：Wendy & Sean

Wendy & Sean
的木摆盘技巧

tips ❶

聚与散的分配

以面包为主食，所有的配菜与蘸酱都可以搭着面包一起吃，因此摆盘时以聚与散的分配营造丰盛的感觉。除了将主要料理聚集于同侧外，也可以事先完成不同的组合搭配，放置于个别盘中及长形砧板上，方便直接食用。

tips ❷

将调味料单独放置

葱、蒜、辣椒粉、腌咸菜等调味材料可以单独放置于小盘中，每个人都能依照自己的口味取用，也能将所有适合搭配的调味料展示出来。

tips ❸

善用柳橙与绿柠檬的风味与颜色

柳橙与绿柠檬的风味一甜一酸，不但在调味时可以相互搭配使用，两种不同颜色也能产生不一样的视觉效果。

木盘 / 砧板选用

这两块木砧板都是由 Sean 亲手完成的，带有把手的长形木砧板的前身是抽屉，而表面斑驳历经沧桑的旧木则是回收的废木。Sean 认为被丢弃的木材中有时候不乏好的木材，很适合再生利用作为木砧板，不仅环保也很耐用。

手工自制木砧板

个人收藏 / (长)58cm×(宽)21cm×(厚)1.2cm / 抽屉板材

个人收藏 / (长)25cm×(宽)10cm×(厚)3cm / 回收旧木

餐桌置物 | 自制抽屉砧板、自制旧木砧板、Creat & Barrel 白色瓷碗、透明威士忌杯、二手市集陶瓷盘

蒜味蘑菇

蘑菇常常被人当作是蔬菜界中的牛排，不仅营养价值高也提供了足够的蛋白质，是重要且常见的蔬食食材。这道料理以洋葱与大蒜拌炒，以高汤提味、香料点缀，不仅本身香气十足，适合与其他轻食小点搭配，也成为了餐桌上的味觉重点。

a

b

c

d

e

[材料]（4 人份）

葡萄籽油 … 1 大匙
洋葱丁 … 1 杯 *
（约 1/2 颗）
大蒜…4~6 瓣
蘑菇（切成 4 等份）
…6 杯 *
海盐…少许
现刨黑胡椒 … 少许
高汤 … 3~4 大匙
虾夷葱碎 … 少许

编者注：* 一杯约为 240ml。

[做法]

1. 取一个平底锅，放入油和洋葱丁，以中小火加热拌炒约 10 分钟，直到洋葱呈现半透明状，并稍微上色。**a**
2. 放入大蒜碎，拌炒约 30 秒直到飘出香味。**b**
3. 放入蘑菇，并调整至中火，让蘑菇在锅中静置一下，稍微上色。加入少许海盐和黑胡椒，快速摇晃锅中的食材，稍微拌炒避免粘锅。**c**
4. 加入高汤，拌炒食材至锅子中的液体几乎收干，拌炒 3~5 分钟。**d**
5. 拌入虾夷葱碎或喜欢的香料即可。**e**

Point

拌炒洋葱的过程很重要，为了避免烧焦，可不时搅拌让洋葱可以均匀地熟化与上色。除了高汤以外也可用白酒替代，增加淡淡的酒香。

香葱酸奶酱

[材料]

生腰果 … 1 杯
过滤水 … 1/2 杯（约 120ml）
黄柠檬汁 … 1 大匙
绿柠檬汁 … 2 大匙
海盐 … 1/4 小匙
黑胡椒 … 少许
青葱碎 …1 又 1/2 大匙

[做法]

1. 生腰果于前一天冷水浸泡隔夜，使用时需沥干。
2. 将生腰果放入果汁机中，加入水，搅打成柔顺细致的泥状。
3. 分次加入黄柠檬汁、绿柠檬汁、海盐和黑胡椒于搅打好的腰果泥中。
4. 将酸奶酱倒在小碗中，拌入切碎的葱，倒入密封容器中，冷藏保存。

Point

所加入的调味料与水分没有严格的比例限制，建议先少量分次加入，并于过程中尝试味道与浓稠度，以调整到自己最喜欢的状态。制作好的酸奶酱冰过后风味更佳，冷藏约可保存一个星期。

柳橙薄荷冰茶

[材料]

二砂糖 * … 1~2 大匙
薄荷叶 … 5 枝
（约两小把）
柳橙、绿柠檬 …各 1 颗
柳橙汁 … 2 杯
冰红茶 … 2 杯
冰块 … 少许
（可省略）

[做法]

1. 将 1/4 颗的柳橙与绿柠檬分别切成扇形小丁装饰用，其余切成大块状。
2. 取 1 个大容量的厚底杯子，加入二砂糖和薄荷叶，将其捣碎。放入柳橙丁和绿柠檬丁，继续捣至果汁释出，并和糖溶解在一起，试吃一下味道，如果有需要就再加些糖。
3. 取 1 个至少 1L 的量杯，上头架上筛网，将 1 的食材过筛至量杯中，倒入柳橙汁和红茶，搅拌均匀。
4. 取 4 个威士忌杯，放入冰块，并平均放入少许柳橙丁与柠檬丁，倒入调好的冰茶，最后将薄荷叶在手中拍一下，装饰在杯缘即完成。

编者注：* 又称黄糖，是蔗糖第一次结晶后所产生的糖，具有焦糖色泽（微焦黄）与香味。

香料地瓜脆片

[材料]

中型黄肉地瓜
… 2 个（约 500g）
孜然 … 3/4 小匙
香菜籽 … 3/4 小匙
葛缕子 … 3/4 小匙
葡萄籽油 … 2 大匙
海盐 … 1/4 小匙
匈牙利红椒粉 … 1/2 大匙

Point

为避免烤箱受热不均匀，烘烤过程中可以将烤盘转向一次。完成的地瓜脆片可以单独吃，或是备好绿柠檬角，挤一点点柠檬汁一起吃味道也很不错！

[做法]

1. 地瓜刷洗干净不削皮，切成 3mm 厚的圆片。
2. 烤箱预热至 200℃，如果使用旋风烤箱则预热至 190℃。准备 4 个烤盘并铺上烤焙纸。如果烤箱较小，可分两批烘烤。
3. 平底锅中，将孜然、香菜籽和葛缕子小火拌炒至香气散出后，放凉并磨成粉。
4. 将地瓜片用沙拉脱水器将多余水分脱干，或是平铺在烤盘上，以厨房纸巾拍干。取一个大碗，倒入油、3 的香料粉、海盐和红椒粉，搅拌均匀。倒入地瓜片，将香料油与地瓜片拌匀，建议可以用手。
5. 将地瓜片以不重叠的方式，平铺在烤盘上，进炉烘烤 10~15 分钟，烘烤至地瓜表面干燥、颜色金黄即可。

专题
03

木盘和砧板的挑选原则

天然的木头素材，自然生成的样子，其实没有好坏的差别，只有会不会使用之分，可依着自己的喜好来做取舍。而就初学者而言，挑选时可尽量避免有裂或有节的木头，较大面积的木头在创作中变化度较高。

到木料行选料的好处

到木材行选料容易挑选到喜欢的木纹及木种，每个木材行所拥有的木种不尽相同，可依需求至各专业木材行购买。

木材的计价方式

以材积计价，越大量越便宜，木种不同会有所差距。

坏木头与好木头的对照

有些木头的内部会有裂痕或是有节，在未裁切开来时其实无法发现，建议在制作上多准备材料，以备不时之需。

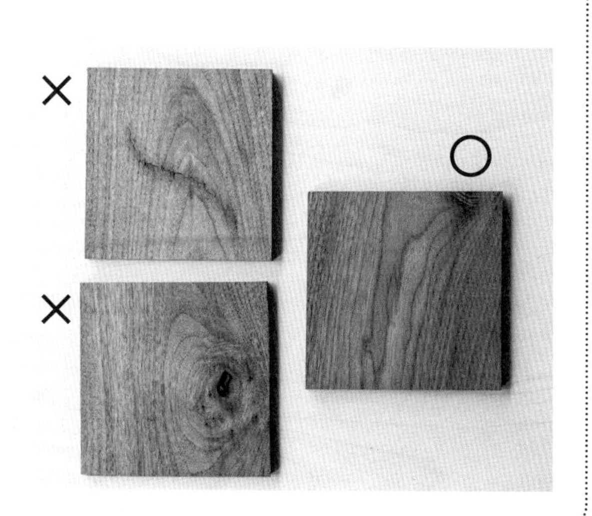

• 文字：刘薰宁 • 摄影：Evan • 资料提供：木质线

木盘和砧板的保养技巧

木头拥有的天然特性，会使其因环境温度或湿度剧烈变化，而产生开裂或变形的可能，也易因环境湿度过高及使用频率较低，而使细菌滋生。这里提供给大家木头使用的小贴士，让大家了解其特性，以延长其使用寿命。

1. 平时的清洁收纳

木食器可视使用的情况，仅以清水冲洗，或使用海绵蘸取少许清洁剂，轻柔地刷洗后再重复清水冲洗 2~3 次；接着用布巾或纸巾擦干水分，将木器顺着木纹的方向直立晾干，这样可使水分顺着木头的毛细孔排除。晾干时勿将木器的边缘紧贴晾干处的平面，可减少边缘发霉的可能。紫外线的分解作用易使木头的使用年限缩短，也可能导致裂痕，需尽量收纳在不受太阳直射的通风位置。

2. 不定期的涂装保养

木器在使用一段时间后，第一次涂装的木腊油会因长期的冲洗而逐渐干燥，此时可适时用纸巾沾取亚麻仁油、核桃油、橄榄油等天然植物油，均匀擦拭木器，使其滋润；同时，经常性地使用，就是保护木器不受细菌侵扰的最佳养护妙方。

原木砧板可以使用护木蜡来保养，以拇指取少量的护木蜡，针对欲保养的区块以下压并且画圈的方式涂抹，因为体温与摩擦生热的关系，能够使蜡软化。

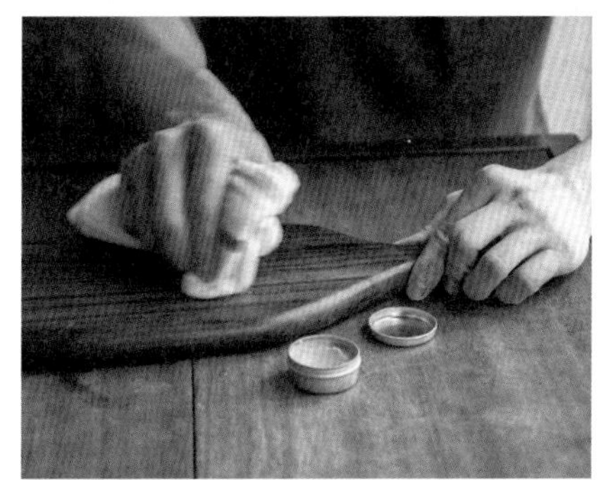

以干布来回擦拭，让蜡可以更均匀地附着与吸收。

• 文字：刘薰宁、Irene • 摄影：Evan • 资料提供：木质线 • 示范：Jimmy

夏日蔬果沙拉
第 120 页
薄荷大黄瓜冷汤
第 121 页
缤纷
莓果气泡饮
第 123 页
百里香柠檬烤鸡
第 118 页
香蕉巧克力派
第 122 页

Picnic Table

15

夏日就是要来一场热情的烤鸡派对

野餐时光就用适合分享又澎湃的料理决胜负吧！三五好友或是亲爱家人共聚的时刻，还有着美好风景佐餐，用餐气氛也不自觉轻松了起来。

• 文字：张雅琳 • 摄影：Evan • 食物造型：Vicky

Vicky 的木摆盘技巧

tips ❶
搭配绿色植物，表现原味

呼应野餐的大自然氛围，利用绿色植物作为点缀陪衬，不仅和木盘很对味，也比较能呈现原野森林的感觉。

tips ❷
用瓷器、玻璃等异材质，打造层次

可以选择小一点的瓷器、玻璃作为盛装的食器，这两种材质跟木盘一样都给人简单干净的感觉，瓷器跟玻璃也很适合加上盘饰，不同的大小搭配起来也会让层次感觉丰富。

tips ❸
堆高摆盘让视觉更立体

如果只是平面的摆盘容易流于呆板，这时可以利用"堆高"让整体视觉变得更丰富，像是沙拉在摆盘时就很适合利用不同的蔬果叶子堆叠出立体感。

木盘／砧板选用

把手红橡木木盘

购自巴厘岛街上，呈现红橡木本身大部分为直纹的外貌。手把部分带点不规则感，也让这块砧板看起来更有个性。Vicky 偏好"越原始越好"的自然系砧板，没有过多抛光、上漆的加工。

(长)含手把 42cm×(宽)23.5cm×(厚)1.5cm ／红橡木

椭圆红橡木木盘

同样购自巴厘岛，看得到木头本身天然的纹路，有别于一般长方形砧板的规矩，椭圆造型让这块木盘在稳重厚实中更多了几分圆润手感。

(长)24.5cm×(宽)19.5cm×(厚)1.4cm ／红橡木

[餐桌置物 | 650ml 泡菜罐、长形红橡木木盘、椭圆红橡木木盘、手把红橡木木盘、红酒杯、正方白盘]

百里香柠檬烤鸡

Vicky 心目中“看起来很厉害但做起来一点也不难的”就是这道烤鸡了！她说这其实是国外烤火鸡的做法，当没有充足的时间时，可以事先将鸡肉腌制一整晚，用这种做法既可以速成又能让鸡肉入味、具湿润口感。

[材料]

全鸡 ··· 1 只
无盐黄油 ··· 50g

A
- 百里香 ··· 1 匙
- 披萨草 ··· 1 匙
- 迷迭香 ··· 1 匙
- 欧芹碎 ··· 1 匙

橄榄油 ··· 50ml
盐 ··· 1~2 小匙
百里香 ··· 少许
黄柠檬 ··· 1 颗
综合香料 ··· 100g

[做法]

1. 将材料 **A** 香草洗净，去除叶梗，留下叶片，剁碎后与无盐黄油混合做成香草黄油。**a**
2. 将全鸡内外抹上盐及橄榄油。用扁木棒先将鸡皮撑开，在皮下均匀抹上香草黄油。**b**
3. 在全鸡表面抹上综合香料，再将剁碎的百里香及黄柠檬塞入鸡腹（帮助定型及增加香气），腌制约 1 小时。**c**
4. 包上两层铝箔纸，烤箱先以 300℃预热 10 分钟，烤约 1 小时，再将铝箔纸打开烤 10 分钟，让外皮上色即可。**d**

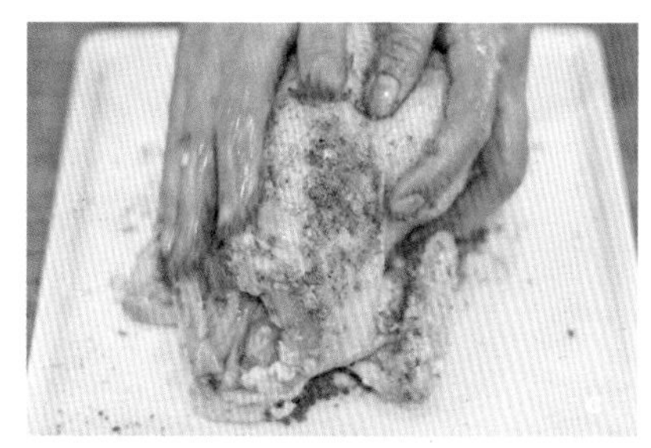

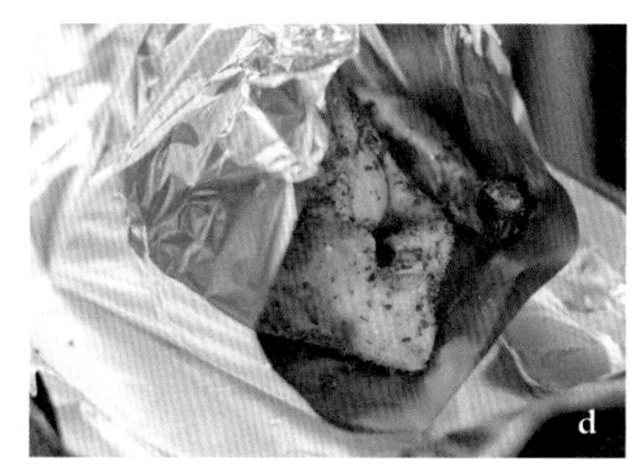

Point

1. 香草可视个人口味喜好使用一种或多种，使用多种香草相较之下更有风味层次。但要记得选择“咸味”香草比较对味，避免使用 “甜味”香草。在鸡皮皮下抹黄油时，要留意力道，以免太大力将皮撑破。
2. 食用时，可将黄柠檬对半切与烤鸡汤汁混合，再淋在烤鸡上食用，柠檬汁可依个人喜爱的酸度酌量增减。

夏日蔬果沙拉

[材料]

A
- 凤梨 … 1 个（或使用凤梨花干）
- 火龙果 … 1/4 个
- 葡萄 … 6 粒
- 苹果 … 1/2 颗

B
- 萝蔓生菜 … 4 片
- 洋葱 … 1/8 颗
- 豆芽菜 … 少许
- 红椒 … 1/4 颗
- 葵瓜子 … 20g

乡村沙拉酱

美乃滋 … 250ml
酸奶 … 250ml
干碎洋葱 … 2 大匙
大蒜粉 … 2 大匙

C
- 披萨草 … 少许
- 细香葱 … 少许
- 莳萝 … 少许

盐 … 2 匙
黑胡椒 … 少许

[做法]

1. 制作乡村沙拉酱：材料 **C** 切碎备用，如没有新鲜的香草，可使用干香草。将美乃滋及酸奶混合均匀，再放入大蒜粉、干碎洋葱、切好的香草、盐、黑胡椒混合均匀即完成。
2. 凤梨切片，放入烤箱，以 50~80℃低温烘烤 4 小时，或使用现成凤梨花干。
3. 将水果切块，蔬菜洗净备用。部分制作成凤梨花水果串，拿出牙签，依序插入材料 **A**，放在小玻璃杯内。
4. 取出木盘放入，垫上大片植物的叶子（图片上为无花果叶），混合材料 **B**，放在叶子上，再放上额外的水果、豆芽菜，最后摆上凤梨花水果串玻璃杯及乡村沙拉酱即可。

Point

凤梨一定要花长时间以低温慢慢烘干，颜色才会漂亮，若为求快用高温的话，凤梨容易焦掉。

薄荷大黄瓜冷汤

[材料]

大黄瓜 … 1/2 条
小黄瓜 … 1 条
栉瓜*… 1 条
洋葱 … 1 颗
马铃薯 … 1 颗
白酒 … 少许
蔬菜高汤 … 1 杯（约 240ml）
椰奶 … 150ml
薄荷 … 5g
奶泡 … 50g
橄榄油 … 1 匙
盐 … 1 匙

[做法]

1. 将小黄瓜、栉瓜、大黄瓜、马铃薯削皮备用，洋葱切块备用。
2. 热锅加入橄榄油，放入洋葱炒至焦黄，陆续放入小黄瓜、栉瓜、大黄瓜、马铃薯，炒香。
3. 加入白酒、蔬菜高汤、薄荷、椰奶和水，淹过食材，煮滚之后，转小火炖煮 10~15 分钟即可放凉。
4. 取出果汁机，将煮好的汤打成泥，冷藏 2 小时。食用时打些冰奶泡，放在汤上，再摆上薄荷叶即可。

Point

用 3 种不同的瓜表现风味层次，特别是加了椰奶让整体带有慕斯的感觉，椰奶的奶味也不会过重、腻口。

编者注：* 又称或类似于西葫芦、夏南瓜、云南小瓜。

香蕉巧克力派

[材料]

派皮（亦可使用市售派皮）

中筋面粉 … 1 又 1/4 杯（约 300g）
糖 … 1 大匙
黄油 … 150g
盐 … 1 小匙
伏特加 … 2 大匙
冰水 … 2 大匙

馅料

淡奶油 … 100ml
70% 苦甜巧克力 … 450g
奶油奶酪 … 250g
马斯卡彭奶酪 … 200g
蜂蜜 … 120ml
巧克力酒 … 2 大匙
香蕉 … 4 条

Point

1. 加入伏特加是让面团有千层的效果及湿润感。
2. 香蕉泥作为夹层可避免接触空气氧化黑掉。

[派皮做法]

1. 将中筋面粉 1 杯（约 240g）、糖、黄油、盐混合，再加入伏特加、冰水及 1/4 杯（约 60g）面粉混合。
2. 放入冰箱冷藏 1 小时后，拿出稍退冰。将面团擀成 9 英寸（直径约 23cm）大小的派皮，放入派烤盘。
3. 派上面放上铝箔纸和压派石，烤箱预热 8~10 分钟后，放入派以 180℃烘烤 15 分钟，使派皮呈现淡白色。
4. 移除铝箔纸和压派石，再烤约 10 分钟上色后，取出，放在网架上等待完全冷却后，再放入馅料。

[馅料做法]

1. 制作甘纳许：巧克力和淡奶油以小火加热混合，熔化后搅拌均匀，静置。
2. 甘纳许冷却后，加入奶油奶酪、蜂蜜、巧克力酒搅拌均匀，最后放入马斯卡彭奶酪搅拌均匀。
3. 将 2 条香蕉搅碎成泥备用。
4. 将奶酪巧克力放入派内，先涂上薄薄一层，再加入一层香蕉泥，再倒入剩余的巧克力馅料。
5. 再将 2 条香蕉切片，摆在派上。放入冰箱冷冻约 1 小时即可食用。

缤纷莓果气泡饮

[材料]

腌制过的朗姆酒覆盆子 ··· 10 颗
（或用莓果手工果酱）
气泡水或七喜汽水 ··· 500ml
糖水 ··· 2 匙（视状况调整，如果是加汽水就省略）
薄荷叶 ··· 5 片
柠檬角 ··· 3 块
冰块 ··· 少许

[做法]

1. 将柠檬角放入杯中，薄荷叶用刀背微微剁过备用。
2. 取出高脚杯，放入朗姆酒覆盆子 10 颗或是莓果类手工果酱。
3. 加入冰块、糖水、气泡水、柠檬角和薄荷叶，搅拌后即可享用。

Point

加入气泡水时，要用汤匙慢慢将气泡水一匙匙舀进杯中，避免直接冲入杯中将杯底果酱弄得浑浊，少了层次美感。

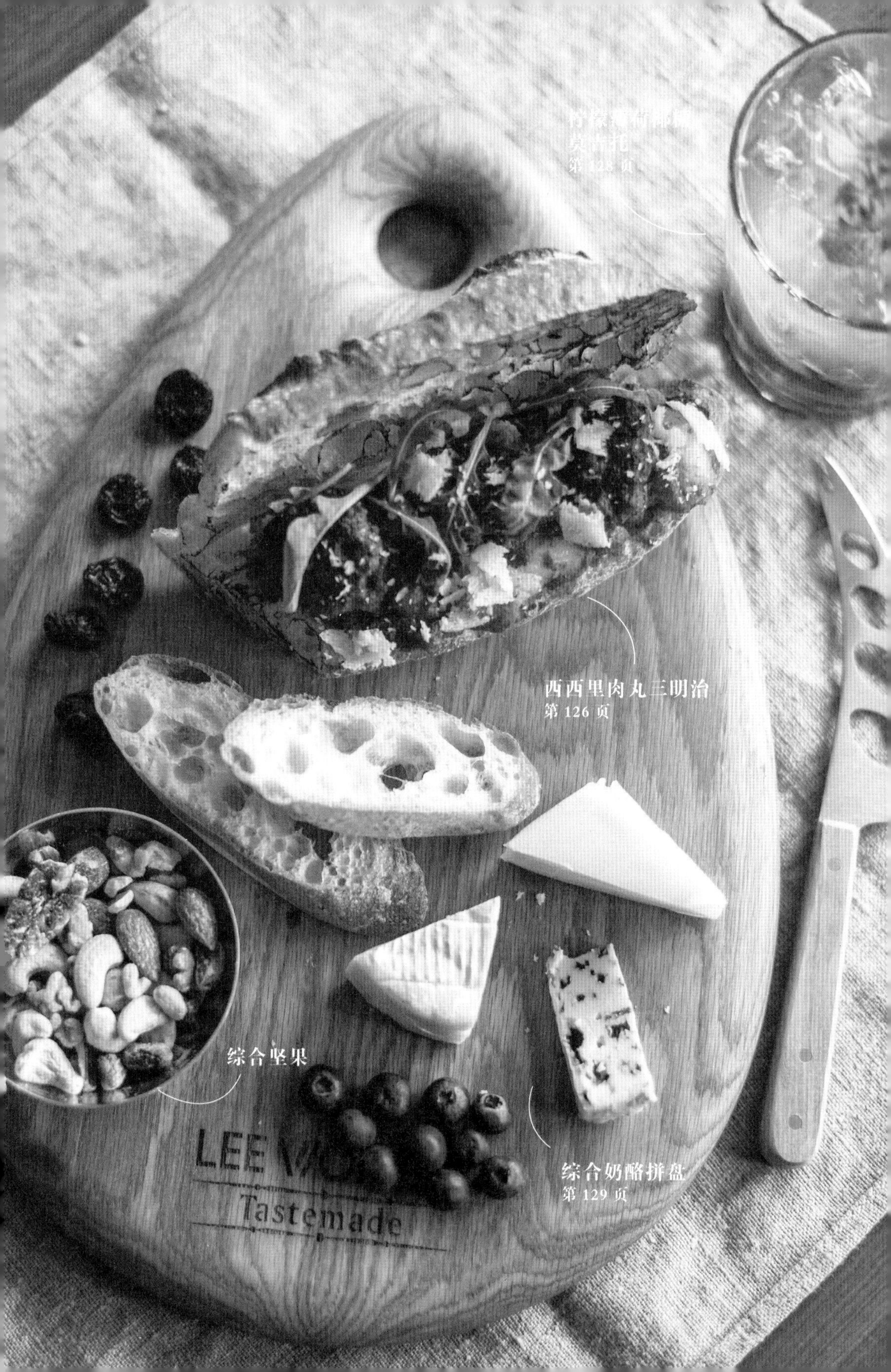

西西里肉丸三明治
第 126 页

综合坚果

综合奶酪拼盘
第 129 页

Picnic Table

16

风味十足，草地上的小酒馆

偶尔抛开生活的惯性，与好友相约来个大人专属的野餐时光！大人的野餐以风味浓郁的西西里肉丸三明治搭配上多种奶酪与综合坚果，再来一杯椰糖莫吉托，除了将小酒馆的畅快自在搬到户外，还多了一点阳光带来的朝气。

• 文字：Irene • 摄影：Evan • 食物造型：Eason

Eason 的木摆盘技巧

tips 1

先安排主食，再安排其他小食

水滴形的木砧板造型独特，先确定体积较大的主食三明治适合放置于上方靠近尖端处，其他小型零碎的食物则散置于下方较大的空间，避免造成视觉拥挤同时产生平衡感。

tips 2

从味觉的角度去思考

摆盘时除了视觉亦可从味觉的角度去思考，因为料理的口味偏重，所以增添酸味的果干如蓝莓、葡萄干等作为点缀。

tips 3

搭配银器增加成熟风格

选择银制器皿承装坚果不只轻巧好携带，也陪衬出些许细腻的质感与成熟的风格。

木盘 / 砧板选用

LEE WOODS 水滴形胡桃木砧板

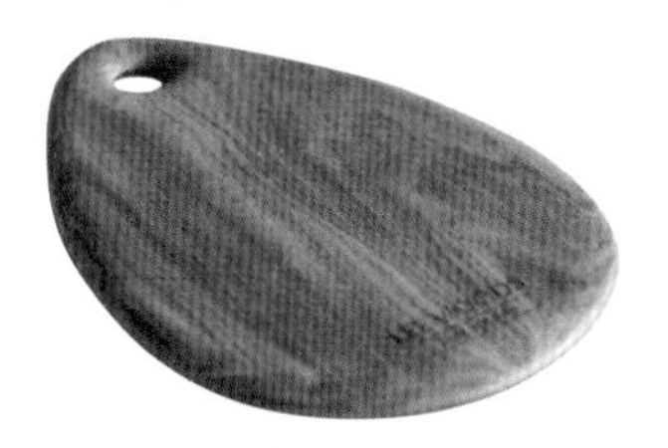

LEE WOODS 在各款木砧板的造型表现上特别强调边缘的圆滑与顺畅，着重于木制工艺的展现。圆润轻巧的水滴状是属于大自然的形状，没有多余的棱角也易于携带，是野餐时的最佳选择，并于尖端处留有洞孔，方便垂挂于任何地方。

(长)18cm×(宽)30cm×(厚)2cm／胡桃木

餐桌置物 | LEE WOODS 水滴形胡桃木砧板、Zara Home 棉麻桌巾、奶酪刀、银器小盅

西西里肉丸三明治

西西里肉丸是非常传统且家常的意大利料理，在意大利家庭里，几乎每家每户都有属于自己的配方和味道，其中最重要的是香浓的肉丸必须搭配上酸味足够的番茄以及多种香料，再经过炖煮将所有的味道封存在一起。

[肉丸子材料]

牛奶 …15ml
面包糠 … 30g

A
- 盐 …少许
- 黑胡椒粗粒 … 1g
- 新鲜欧芹（切碎）… 15g
- 大蒜（切碎）… 3g
- 洋葱（切碎）… 20g

牛绞肉 … 200g
蛋黄液 … 5ml

[酱汁材料]

B
- 罐头番茄丁 … 400g
- 大蒜（切碎）… 10g
- 新鲜欧芹（切碎）… 15g
- 意大利香料 … 2g
- 黑胡椒粗粒 … 1g
- 烟熏红椒粉… 1g

马苏里拉奶酪 … 60g

法国长棍面包 … 1 条
芝麻叶 … 适量
帕玛森奶酪刨丝 … 适量

[做法]

1. 烤箱开旋风模式，预热至 200℃。
2. 在搅拌盆里先倒入牛奶再均匀撒入面包糠，混合均匀。**a**
3. 放入材料 **A**，混合均匀。**b**
4. 放入牛绞肉及蛋黄，混合均匀，将肉团捏合拍打至起毛边。**c**
5. 将肉团分别搓揉成肉丸，放入不粘锅，中火煎至表面焦糖化。**d**
6. 加入材料 **B**，均匀拌煮至汤汁收干变浓稠。并加入马苏里拉奶酪，熔化后即可关火。**e**
7. 法国长棍面包剖半不切断，烘烤 5 分钟，淋上酱汁，放上肉丸、芝麻叶与帕玛森奶酪刨丝，即完成。**f**

Point

肉丸加入牛奶与面包糠可增加湿润多汁的口感，牛奶与面包糠的比例为 1∶2。常见的意大料香料包含迷迭香、百里香、欧芹、披萨草、罗勒等，使用上可以方便性与个人喜好调整。

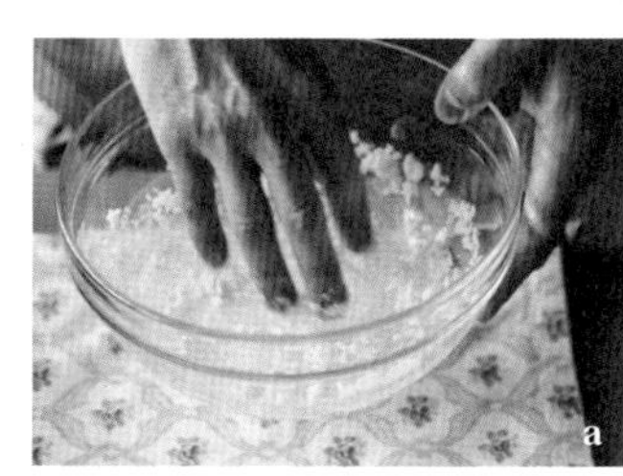
a

b

c

d

e

f

柠檬薄荷椰糖莫吉托

[材料]

椰糖 … 5g
薄荷叶 … 20 片
柠檬角 … 2 个
朗姆酒 … 45ml
冰块 … 适量
苏打水 … 200ml

[做法]

1. 依序将椰糖、薄荷叶放入摇摇杯里捣碎后加入柠檬角捣出汁液。
2. 倒入朗姆酒并盛入八分满冰块，混合均匀后倒入杯中。
3. 沿着杯缘倒入苏打水即完成。

Point

椰糖是由椰子萃取而来，相较于经过多重加工、除色去味而成的精致糖品，更能保留较完整的营养素与矿物质。

综合奶酪拼盘

[材料]

蓝纹奶酪
(Blue-Vein Cheese)
马苏里拉干酪
(Mozzarella Cheese)
布里奶酪
(Brie Cheese)
新鲜蓝莓 … 少许
葡萄干 … 少许
综合坚果 … 少许

[做法]

1. 将各种奶酪依食用量切下。
2. 搭配果干与综合坚果一起食用。

Point

奶酪非常适合作为野餐的点心，可挑选3~4种不同口味的奶酪相互搭配，感受不同种类的奶酪所创造的口感与风味。

热狗热压三明治
第 132 页
滤纸式
手冲咖啡
第 133 页
生菜沙拉
玉米浓汤
蛋沙拉热压三明治
第 132 页

Picnic Table

17

野餐必备，大人小孩都爱的热压三明治

野餐的乐趣在于亲朋好友，不同年纪的人都能开心地聚集在一起，大人们畅所欲言，小孩尽情玩乐，只需要准备简单的料理，就能一起度过开心的时光。

• 文字：Irene • 摄影：哈利 • 食物造型：哈利

哈利的木摆盘技巧

tips ❶

秀出三明治剖面

热压三明治虽然方便美味，但造型单一，将其横切剖半，不但能表现出形状的变化，丰富饱满的内馅也是视觉重点。

tips ❷

搭配白色珐琅餐具

餐具尽量以摔不破的材质为主，但过多的木头会显得有些无趣，因此在木器皿旁穿插点缀白色珐琅铁器，通过材质属性的差异相互衬托，是最简单的摆盘技巧。

tips ❸

运用食材三原色

蔬果与料理的搭配以红色、绿色、黄色三种颜色去思考和变化，利用色彩的对比呈现活泼的感觉。

木盘 / 砧板选用

小泽贤一核桃木木砧板

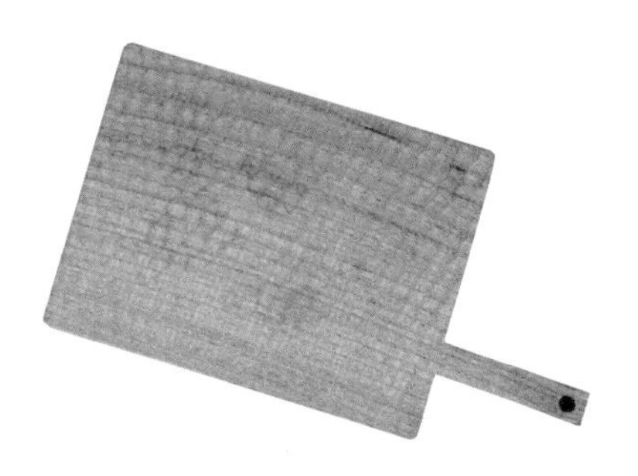

小泽贤一的木砧板拥有独一无二的凹凸刻痕，第一眼看上去就让人非常喜欢。而平常在选购木砧板时，很多人最在意的是表面涂层是否安全，小泽贤一的木砧板表面已经上过一层植物油，让人完全放心，平常保养只需要用食用油轻轻擦拭即可。日本的食器产品大多会标示是否为食用级涂层，而选购本地的产品时则可向店主询问涂层原料是否符合食用标准。

(长)19cm×(宽)12.5cm×(厚)2cm ／核桃木

餐桌置物 | 小泽贤一手工木制砧板、KONO手冲咖啡壶、KAMI高桥工艺手工木杯、木碗、白色珐琅盘

蛋沙拉热压三明治

[材料]

白吐司 … 2 片
水煮蛋 … 2 个
美乃滋 … 1 大匙
盐 … 少许
黑胡椒 … 少许

[做法]

1. 将水煮蛋剥壳捣碎，加入美乃滋搅拌，撒上盐与黑胡椒调味，均匀混合。
2. 取一片吐司，放上适量均匀的蛋内馅，保留中线与四边的空间。
3. 盖上另一片吐司后，用手稍微按压周边，放入三明治烤模后合起。
4. 于火源上双面翻转 2~3 分钟。

热狗热压三明治

[材料]

白吐司…2 片
热狗…2 条

[做法]

1. 将热狗对切煎熟。
2. 取一片吐司，整齐地放上热狗。
3. 盖上另一片吐司后，用手稍微按压周边，放入三明治烤模后合起。
4. 于火源上双面翻转 2~3 分钟。

Point

这两道三明治所使用的 BAWLOO 三明治烤夹中间有一道压缝可以让三明治更坚固也方便分食。如担心馅料散落，可于吐司四边沾少许的开水或以芝士当作馅料帮助三明治粘合 。

滤纸式手冲咖啡

[做法]

1. 将滤纸依缝线向内折。**a**
2. 撑开滤纸，平整放置并紧贴于咖啡壶上。**b**
3. 以热水淋下，使滤纸平贴于滤杯上，同时温热咖啡壶。**c**
4. 倒入磨好的咖啡粉，以同心圆方式注水，咖啡粉淋湿后即可停止，静置约 30 秒，此时称作焖蒸。**d**
5. 焖蒸结束后，第二次注水，反复绕圈，冲到所需的水量即可。**e**

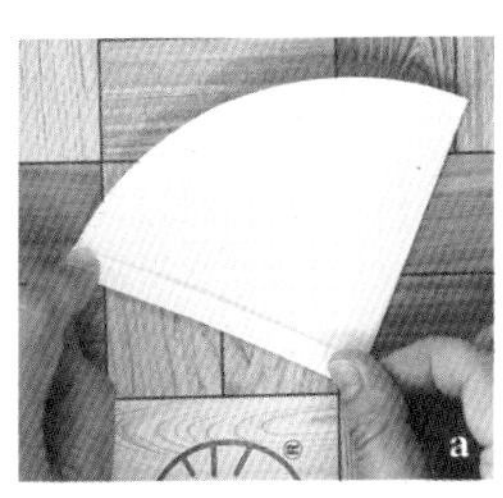

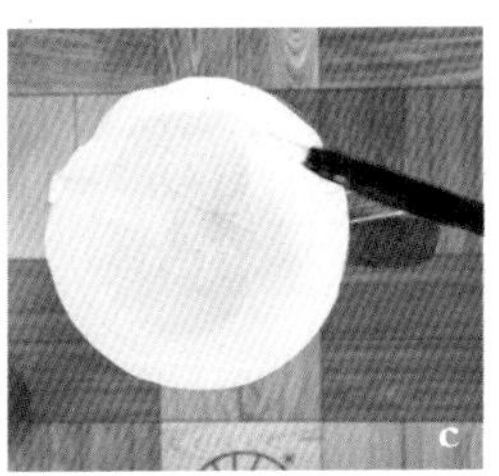

专题
04

来做自己的木盘！

选用胡桃木作为此次木盘制作的示范。胡桃木颜色沉稳且纹路明显，硬度适中的特性，易刻出明显的手感纹路，不需刻意磨平就很好看，适合初次接触木头的新手操作。市售胡桃木材料的宽度大约在 13~20cm 之间，尺寸上适合做成盛装食物的木盘。

• 文字：刘薰宁 • 摄影：Evan • 资料提供、手作示范：木质线

工具 & 材料准备

木盘材料：
长宽约 16cm 的胡桃木
工具：
铁锤、尺、笔、丸凿、平凿、刨刀、工作台

不要直接把刨刀的刀刃平放、接触平面，易伤害刀刃。可在工作台上将木头固定，方便在制作中施力。

2 画出范围

画出清楚的内外线范围，让自己留意最外围的界限（约 2mm），以防挖到边缘使木盘不平整。依比例在内部再画两层方形，最靠近中心的方形范围将是木盘挖凿的最深处。

画出最外围的界限，约 2mm。

以木板宽度的 1/3 为边长在中心处画一方形，向外等分再画第二个方形。

3 丸刀雕刻

往与木纹垂直的方向雕刻，平行雕刻产生逆纹，初学者易把木头撕裂。雕刻的每一刀与前一刀的刀痕重叠，最后力道需有弧度地上扬，以平推的方式使凿痕延长，凿出的木屑较卷即表示施力正确。深度只需挖凿到木头厚度一半即可，可用直尺平贴表面观测深度。若施力错误，持续点状地往下铲，木头易破。

往与木纹垂直的方向雕刻，凿出深度。

Point

施力手之手肘抵住腰间较好使力，用身体的力道往前推较不易手酸，辅助手切勿放在刀前，以免受伤。

4 背面刨斜角

将四边刨削成斜角，不仅方便使用，造型完整性也较高。可依个人喜好，决定斜角斜度，用刨刀将四边来回刨削至画好的线，即成等量的斜度。

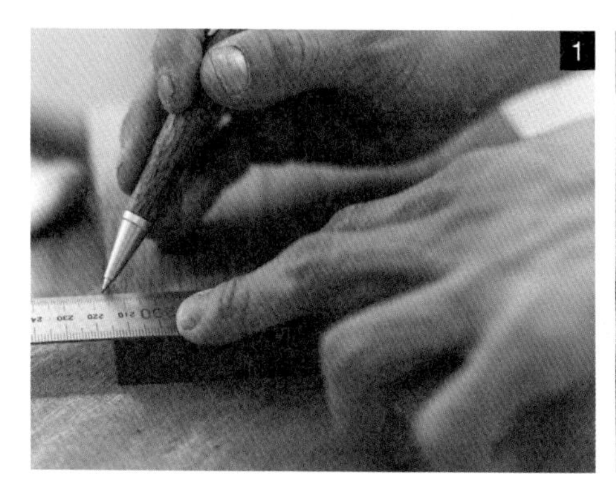

在四周边缘 2cm 处画出 4 条线。

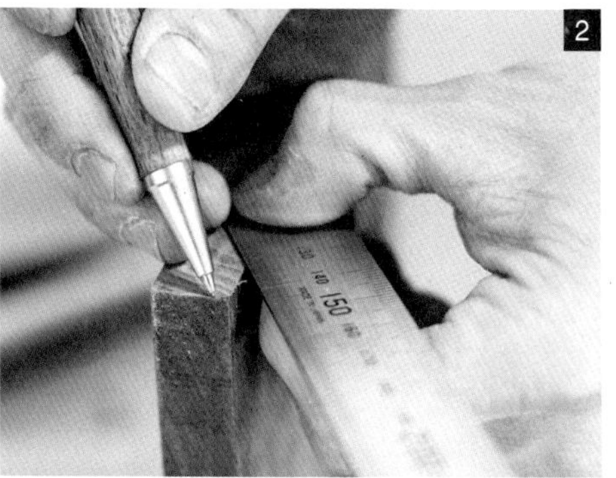

在侧边画斜线，与四周边缘线连接，即是斜角标示线。

用刨刀沿线刨削。

刨削后即产生斜度。

刨刀使用时，一样先从与木纹垂直的方向开始削，顺着木头的方向较不易产生毛边。用刨刀刨掉不平之处，也可用平凿细修边缘。

5 凿修背面刻痕

凿修盘底的纹路，让盘子的底部不会因为木头受潮变形而变得不稳。与正面使用丸刀的方式相同，轻微的挖凿使其内凹，将整个平面皆做修饰即可。

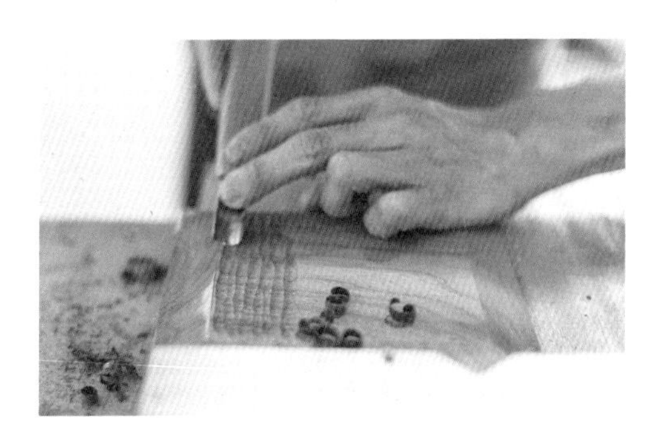

砂磨锐利处

将砂纸折三折，使其较易施力不容易滑掉，因为尖角易使木头崩裂，所以轻轻修整四个边角使其圆润。

涂装保养

用无染色、不易产生毛屑的布料，沾上些许食器专用木蜡油，轻抹在木作的表面。

若家中没有专业的德国木蜡油，也可使用稳定性高的苦茶油，或将市面上买得到的核桃敲碎，取其油脂使用。

完成

法式蛋白霜
第 143 页
聊天综合沙拉拼盘
第 142 页
胡麻豆腐
鲜绿沙拉
第 142 页
烤蔬菜面包盘
第 140 页

Drink Table

18

小食和冷盘相伴，度过最放松的夜晚

在灯光转暗的宵夜时分，准备简单、方便取用的小食，冷盘下酒，也不担心聊太久了东西会冷掉不好吃，和三五好友坐下来促膝长谈、交换心事，最放松的姿态就是如此。

• 文字：张雅琳 • 摄影：Evan • 食物造型：Ovan

Ovan 的木摆盘技巧

tips 1
先设定主题风格，心中先有画面

在准备食材料理的同时，先构思这次想要呈现的主题、风格，再决定要搭配什么木盘。像是主题为小酌的话，料理多为轻食小点，可运用方正的木盘平均摆放。

tips 2
利用自然材质的用品互相搭配

配合木盘特性，选择其他同样自然材质的用品例如大理石砧板，可以让彼此互相衬托、更“跳”出来，相较于全部用单一木盘、砧板来摆盘，这样的搭配也会显得丰富、不呆板。

tips 3
选择特别造型或不同尺寸增加趣味

跳脱基本款方形、圆形的款式，都能让摆盘增加不同感觉，也可以利用不同的大小或厚薄度不一的款式，在摆盘时自然呈现高低差。

木盘 / 砧板选用

Chabatree Edge 砧板

Chabatree 的产品有独到的设计美感，为了守护地球，Chabatree 以不破坏生态环境为原则，使用合法人工林木材打造安心食器。Ovan 独钟这块砧板有特别裁切角度、不规则的外形，有别于一般木盘、木砧板非方即圆的造型，让人眼睛一亮。

(长)22cm×(宽)15cm×(厚)2cm ／柚木

日常生活 a day 订制柚木砧板

为了想要有个使用起来最顺手的木砧板，Ovan 索性搜集回收木材再请木工切割，长宽厚薄都按照自己想要的尺寸设定，他笑说像这样简单的造型其实最百搭。

非卖品／(长)25cm×(宽)25cm×(厚)0.5cm ／柚木

[餐桌置物 | iittala Teema 餐碗、iittala Teema 餐盘、Chabatree Edge 砧板、amabro 白色大理石岩砧板、订制柚木盘、amabro 手把黑色大理石岩砧板]

烤蔬菜面包盘

这是一道只要运用随身的食材、挑选自己喜爱的面包和做好抹酱，就能轻松上桌的轻食小点。抹酱可随自己的喜好添加材料，例如把酸奶油换成酸奶等。搭配抹酱的材料也可以选用喜欢的肉类，烟熏鲑鱼、生火腿或是腊肠等都是很好的选择，是可以随意变化的食谱。

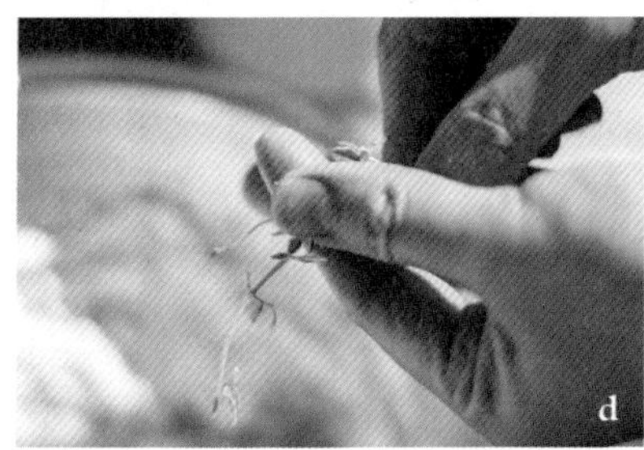

[材料]

花菜 …1/2 棵
红、黄甜椒 … 各 1/2 颗
黄绿栉瓜* … 各 1/2 条
玉米笋 … 5~6 根
红洋葱 … 1/2 颗
蒜头（切片）… 3 瓣

A
- 盐 … 适量
- 黑胡椒 … 适量
- 意大利香料 … 适量
- 巴萨米克醋** … 适量

长棍面包 … 1 条

香草奶酪抹酱

B
- 酸奶油*** … 50g
- 新鲜柠檬汁 … 1 小匙
- 辣根酱（horseradish）… 1 小匙（可用黄芥末代替）
- 新鲜香草 … 适量
- 盐 … 适量
- 现磨黑胡椒 … 少许

奶油奶酪 … 100g

[做法]

1. 蔬菜食材清洗干净，切成适口大小；蒜头切片；将材料 **A** 与蔬菜、蒜片混合拌匀。**a**
2. 烤箱预热后，放入步骤 **1** 材料以 180℃烤 25 分钟。**b**
3. 将奶油奶酪以手提式搅拌机或打蛋器搅拌至呈柔滑状。**c**
4. 搅拌盆中加入材料 **B**，搅拌均匀。**d**、**e**
5. 长棍面包切片，涂抹酱、放上烤好的蔬菜并用喜欢的生菜装饰即完成。

编者注：* 又称或类似于西葫芦、夏南瓜、云南小瓜。
** 葡萄酿造、果味浓郁，口感酸中微甜。
*** 酸奶油由奶油发酵而成，味道微酸，质地均匀黏稠，表面光亮。

Point

蔬菜食材也可选择根茎类，避免挑选水分很多的以免烤完呈现软烂的口感。此外食材处理切块时，要注意大小落差不要太大，若是根茎类食材不要切太厚，以免进烤箱之后，每种食材的熟度不均。

胡麻豆腐鲜绿沙拉

[材料]

萝蔓生菜 … 1/2 棵
绿叶生菜 … 适量
红叶生菜 … 适量
樱桃萝卜…2 片
老豆腐…1/4 块
胡麻酱…适量

[做法]

1. 碗底先铺上一层胡麻酱。
2. 放上洗净冰镇后脱水的生菜食材。
3. 将豆腐置于碗中央，要吃时再淋上胡麻酱，上下拌匀即可。

Point

生菜洗净后，可用冰水浸泡 15 分钟再脱水，让口感更脆。樱桃萝卜也可用小番茄替代，主要是在绿色生菜中加上一些红色点缀配色用。

聊天综合沙拉拼盘

[材料]

生火腿 … 2 片
西班牙腊肠 … 2 片
卡蒙贝尔奶酪 … 1/4 块（约 50g）
生菜 … 1 把
杏桃干 … 2 颗
油渍香菇 … 适量
坚果 … 2 大匙
橄榄油 … 适量

[做法]

1. 奶酪等食材都处理成一口大小。
2. 烤箱预热至 180℃，放入坚果烤约 10 分钟。
3. 生菜洗净脱水，拌一点橄榄油即可。

Point

选择山火腿、腊肠等咸度重、风味浓郁的食材，适合下酒，搭配坚果、果干组合出不一样的口感。坚果可选择核桃、腰果等，用烤箱烘烤的话，能提升香气。

法式蛋白霜

[材料]

蛋白 … 6 个
盐 … 2 小撮
砂糖 … 150g
糖粉 … 150g
巴萨米克醋 * … 1 小匙
淡奶油 … 500ml
新鲜莓果 … 适量
黄油 … 适量

[做法]

1. 将蛋白加入盐后打到接近干性发泡（用打蛋器沾附蛋白霜，倒转时仍挺立；或是将盆倒扣蛋白霜不会掉下来的状态）。
2. 分次加入砂糖与糖粉，打到扎实且有光泽，加入巴萨米克醋混合搅拌均匀。
3. 烤箱预热至 180℃。烤模里抹上一层薄薄的黄油，烘培纸放入烤模，将 2 填入烤模稍微铺平，以 150℃烤 90 分钟。取出放至完全冷却。
4. 淡奶油打发后铺在已经完全冷却的蛋糕体上，放上新鲜莓果即完成。

Point

分蛋时要洗净擦干搅拌缸与打蛋器，确定器具没有沾附油脂或水汽，小心剔除所有蛋黄。装饰用的新鲜莓果也可用偏酸的水果取代，可以平衡原本偏甜的风味。

编者注：* 葡萄酿造，果味浓郁，酸中微甜。

葡萄柚薄荷莫吉托

蒜味迷迭香地瓜条
第 149 页

椰枣培根卷
第 146 页

嫩煎咖喱姜黄鸡胸肉
第 148 页

生油果莎莎酱
149 页

Drink Table

19

不管热量，畅快小酌的放松时刻

不论今天是过得轻松简单或是耗尽心力，在一天结束之前，就在家中舒适地窝着小酌一番，再来几碟简单的小食吧。在这一刻，不用去衡量营养或计算热量。布置好餐桌，关上大灯，点一盏桌灯，享受便是了！

• 文字、摄影、食物造型：张云媛 Yun

张云媛的木摆盘技巧

tips ❶ 色系统一、使用小尺寸碗碟

使用统一的色系，可以为餐桌氛围带来一致性而不显得凌乱。小尺寸的碗碟则能凸显出食物的精致性，适合少量多样的小食场合。

tips ❷ 混搭不同食器，创造出不同用途

可以尝试着使用不同器物当成盛装食物的用具，像是研磨钵、珐琅杯或是小尺寸的砧板，都是除了碗盘之外的好选择。

tips ❸ 烘焙纸、餐巾纸是木制盘的好搭档

木制食器比较需要注意潮湿或沾上油分，用来当作餐盘时，利用烘焙纸或花色好看的餐巾纸垫底，再放上食物。不但保护木器，还让餐桌风格更有色彩层次！

木盘 / 砧板选用

IKEA 小型砧板

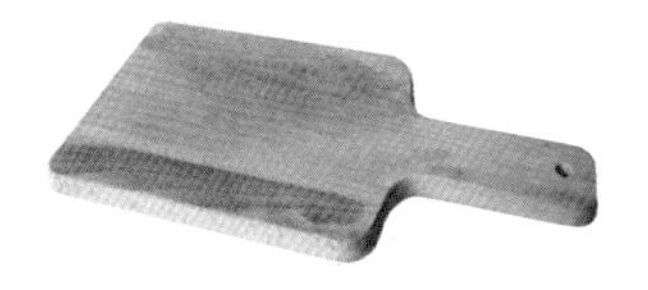

尺寸小巧，适合当作开胃小点的菜盘或盛装一人份餐点。天然实木制作，手感质朴且价位不高，很值得入手。定期涂上可接触食物的保养油保养即可。

(长)30cm×(宽)15cm×(厚)1.6cm / 实心榉木

手工方形砧板

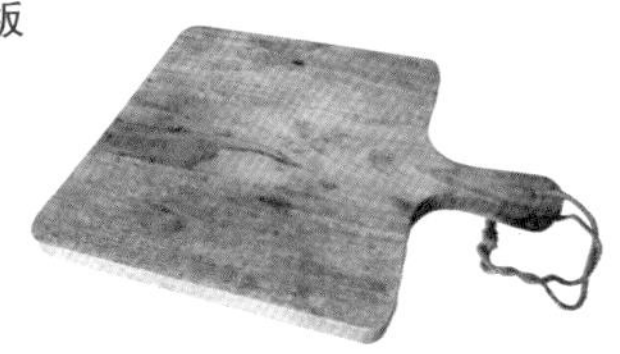

原木制成，保留了十分自然的木纹，且手感粗犷带有十足的乡村风格。方形的大面积适合盛装多种类的小食，或是当作餐桌上主食的盘饰。因未涂上任何保护油，较不适合用来分切食物。

(长)39cm×(宽)29cm×(厚)2cm

餐桌置物 | 义峰白底蓝点 5.5 英寸盘（直径约 14cm）、IKEA 水杯、SADOMAIN 木碗及木匙、生活工场研磨钵、手工方形木砧板、二手复古蕾丝杯垫

椰枣培根卷

这道带着甜咸滋味的开胃小点，只要预先准备好，料理时轻松又快速。内里包裹着滑润奶酪却又带有坚果的颗粒口感。搭配带有些微气泡的啤酒或白酒，吃来清爽又层次丰富。当然，这道一口一个的 finger food（手拿小食），拿来当作聚会、野餐时的小点，也是很好的选择。

[材料]

椰枣 … 10 颗
奶油奶酪 … 80g
核桃果仁碎 … 2 大匙
培根 … 5 片

[做法]

1. 烤箱预热至 180℃。
2. 用小料理刀小心地划开椰枣，去籽。a
3. 将奶油奶酪和核桃粒混合均匀。b、c
4. 培根从短边纵切开来，分成两个长条。
5. 将一小匙奶油奶酪塞进椰枣中心，再用培根卷起来，需要的话以牙签固定。d
6. 平底锅开小火，培根封口处朝下先煎，适时翻转，煎至培根微焦即可。e

Point

1. 奶油奶酪在操作过程中，建议要保持低温，避免过于软化不好操作。
2. 前一天可以先把椰枣培根卷处理好并冷藏，隔日即可快速下锅。

嫩煎咖喱姜黄鸡胸肉

[材料]

鸡胸肉 … 1 份
5% 盐水（每 100g 的水 +5g 的粗盐）…淹过食材的分量

A
姜黄粉 … 1/4 小匙
咖喱粉 … 1 小匙
白芝麻 … 1 小匙
橄榄油 … 1 大匙

[做法]

1. 鸡胸肉以浓度 5% 的盐水浸泡一小时后，取出，擦干水分备用。
2. 在大碗中将材料 **A** 拌匀，接着将鸡胸肉均匀地裹上混合香料。
3. 将横纹锅烧热，鸡胸肉两面各煎 6 分钟至熟（依鸡胸肉厚度微调），起锅后放凉五分钟，再切片盛盘即可。

蒜味迷迭香地瓜条

[材料]

地瓜 … 1 个（约 200g）

Ⓐ
- 蒜头 … 3~4 瓣
- 新鲜迷迭香 …1 束（约 10cm）
- 粗盐、黑胡椒 … 各适量
- 橄榄油 … 1 大匙

[做法]

1. 烤箱预热至 220℃。
2. 把地瓜表面洗刷干净，切成宽度约 1cm 的长条。蒜头拍碎不需去皮。
3. 在大碗中混合材料 **A**。
4. 将地瓜条也放进大碗中，混合均匀，确认地瓜条都均匀地裹上油分。静置 15 分钟。
5. 将地瓜条平铺在烤盘上，烤 30 分钟，中途翻面 2~3 次。烤至地瓜柔软、表皮微焦即可。

牛油果莎莎酱

[材料]

番茄 … 1 颗
紫洋葱 … 1/2 颗
香菜 … 1 把
牛油果 … 1 颗
盐、黑胡椒 … 适量

Ⓐ
- 辣椒丁 … 1 小匙
- 蒜头末 … 1 小匙
- 柠檬汁 … 1 大匙
- 橄榄油 … 1 小匙

[做法]

1. 番茄去籽后切成小丁，紫洋葱同样切成小丁，香菜切细碎。
2. 牛油果肉取出后以汤匙背略压成泥。
3. 在大碗中将材料 **A** 及其他所有食材混合，调味可依个人喜好增减。
4. 可另外准备玉米脆片一同食用或作为鸡肉料理的蘸酱食用。

泰式椰奶
绿咖喱炖牛肋条
第 155 页

铁炙牛排佐
干煎凤梨
第 154 页

鸡肉串烧佐
酸奶牛油果酱
第 152 页

菊苣酸奶沙拉

意式帕尔玛生火腿
搭哈密瓜

Drink Table

20

午夜时刻，通过食物共享深夜秘密

夜晚有着无法形容的魔力，让人肩膀放松，心变得柔软。与好友共享一桌深夜美食，让心里的秘密在餐桌上恣意流动。

• 文字：刘薰宁 • 摄影：Evan • 食物造型：Victor

Victor 的木摆盘技巧

tips 1
纸上沙盘演练，摆盘时更具体

先在纸上画出今晚的菜色，勾勒脑中食物的颜色、餐具的形状等意象，实际摆盘时就会更接近心中想要的样子。

tips 2
运用异材质与木作相衬

喜欢中性一点的摆盘，在餐具的选用上，可运用具有温润质地却不失光泽的铸铁锅等食器或锅具与木作相衬。

tips 3
善用食物的特性

运用食物不同颜色之色差做摆盘，以对比色或是互补色陈列，在视觉上更为加分。

木盘／砧板选用

长方形橡木砧板

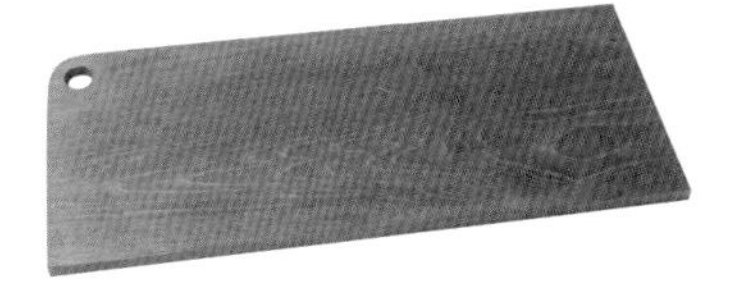

相较于量产的食器，木作器皿保留越多手感的痕迹，摆在餐桌上就越能让人感受其中的温度。同时，选用橡木制作的食器，其质地较硬，耐切也较不易发霉。

约 40cm × 18 cm ／橡木

圆形木盘

旅行是挖掘木器皿最好的时机，到世界各地游走时，不妨探寻各地的特色小店，特别是东南亚国家，很容易发现质感好又便宜的木作。

直径约 22cm ／橡木

[餐桌置物 | 圆形木盘、长方形橡木砧板、欧式瓷器、德国 Turk 铁锅、16mm 法国红铜锅、白色亚麻桌巾、透明玻璃杯]

鸡肉串烧佐酸奶牛油果酱

炙热的夜晚，一盘鲜嫩的鸡肉料理配上酸甜的牛油果酱，爽口开胃，适合与好友畅聊整夜时享用，舍不得轻易入睡。

[材料]

牛油果酱

牛油果 … 1 个
原味酸奶 … 3 大匙
蒜头 … 1 瓣
黑胡椒 … 少许
海盐 … 1 小匙
柠檬汁 … 1 小匙
黄柠檬皮（刨末）… 少许
橄榄油 … 1 小匙

鸡肉串烧

鸡胸肉 … 3 片
红、黄甜椒 … 各 1/2 颗
绿橄榄 … 少许
栉瓜 … 适量
意大利香草 … 少许
黑胡椒 … 少许
海盐 … 少许

[做法]

1. 将牛油果肉挖出后，将所有牛油果酱材料混合搅碎，备用。**a**、**b**
2. 将鸡胸肉切块，和其他食材一起串成串。**c**
3. 撒上少许海盐、黑胡椒及综合意大利香草。**d**
4. 预热铁锅，将鸡肉串煎炙到金黄色。**e**
5. 放入预热至 180℃的烤箱烤 15~20 分钟。

Point

在牛油果酱中加入些许的柠檬汁及柠檬皮，酸味能调和牛油果的油腻感，搭配起来更为爽口，并带有柠檬的香气。

a

b

c

d

e

铁炙牛排佐干煎凤梨

[材料]

牛肩里脊排（板腱牛排）… 2 片
墨西哥辣椒 … 1 片
黑胡椒 … 少许
海盐 … 1 小匙
蒜末 … 少许
油 … 1 小匙
凤梨 … 3 小片

[做法]

1. 起热锅放入 1 小匙油，将撒上黑胡椒及海盐的牛排，两面各煎 15 秒，熄火。
2. 降温 3 分钟，在牛排上放上墨西哥辣椒及蒜末。
3. 放入预热至 180℃的烤箱烤约 5 分钟。
4. 将凤梨切块干煎，取出烤箱的牛排保温放置 5 分钟即可上桌。

Point

凤梨含有很多维生素，加热过后的凤梨，在炎热的夏天能消退火气，酸甜口感也能调和整道菜的口感。

泰式椰奶绿咖喱炖牛肋条

[材料]

牛肋条 … 300g

A
- 黑胡椒 … 少许
- 海盐 … 少许
- 洋葱 … 1 颗
- 蒜头 … 6 瓣
- 绿橄榄 … 15 颗

综合绿咖喱酱 … 4 大匙
泰式椰奶 … 200ml
啤酒 … 1 瓶
香菜 … 适量

[做法]

1. 将牛肋条切块后煎至金黄色备用。
2. 将材料 **A** 爆香后，放入牛肋条、综合绿咖喱酱拌炒，再淋上啤酒。
3. 开大火烧滚后转小火熬煮。
4. 熬煮 1 小时后加入椰奶及香菜，再炖 15 分钟即可上桌。

食谱索引

以形式分类

主食

轻食

沙拉

汤品

酱料

点心

甜点

饮品

以食材分类

肉类、海鲜

奶酪

豆腐

蔬食

图书在版编目（CIP）数据

疗愈的木摆盘餐桌食谱 / 常常生活文创编辑部著 .
—福州 : 福建科学技术出版社，2021.1
ISBN 978-7-5335-6191-8

Ⅰ . ①疗… Ⅱ . ①常… Ⅲ . ①拼盘—菜谱 Ⅳ .
① TS972.114 ② TS972.12

中国版本图书馆 CIP 数据核字（2020）第 130620 号

书　　名　疗愈的木摆盘餐桌食谱
著　　者　常常生活文创编辑部
出版发行　福建科学技术出版社
社　　址　福州市东水路 76 号（邮编 350001）
网　　址　www.fjstp.com
经　　销　福建新华发行（集团）有限责任公司
印　　刷　福建省地质印刷厂
开　　本　700 毫米 ×1000 毫米　1 / 16
印　　张　10
图　　文　160 码
版　　次　2021 年 1 月第 1 版
印　　次　2021 年 1 月第 1 次印刷
书　　号　ISBN 978-7-5335-6191-8
定　　价　49.80 元